# CAUSERIES AGRICOLES

PUBLIÉES

DANS LE JOURNAL L'*INDÉPENDANT*

DE PÉRONNE (Somme)

⁎

PAR

## F. GEORGES

ANCIEN LAURÉAT DE LA PRIME D'HONNEUR

DE L'AISNE

⁎

PÉRONNE

IMPRIMERIE DE LUD. CRÉTY

1881

# CAUSERIES AGRICOLES

# CAUSERIES AGRICOLES

PUBLIÉES

DANS LE JOURNAL L'*INDÉPENDANT*

DE PÉRONNE (Somme)

————✳————

PAR

## F. GEORGES

ANCIEN LAURÉAT DE LA PRIME D'HONNEUR

DE L'AISNE

————✂————

PÉRONNE

IMPRIMERIE DE LUD. CRÉTY

—

1881

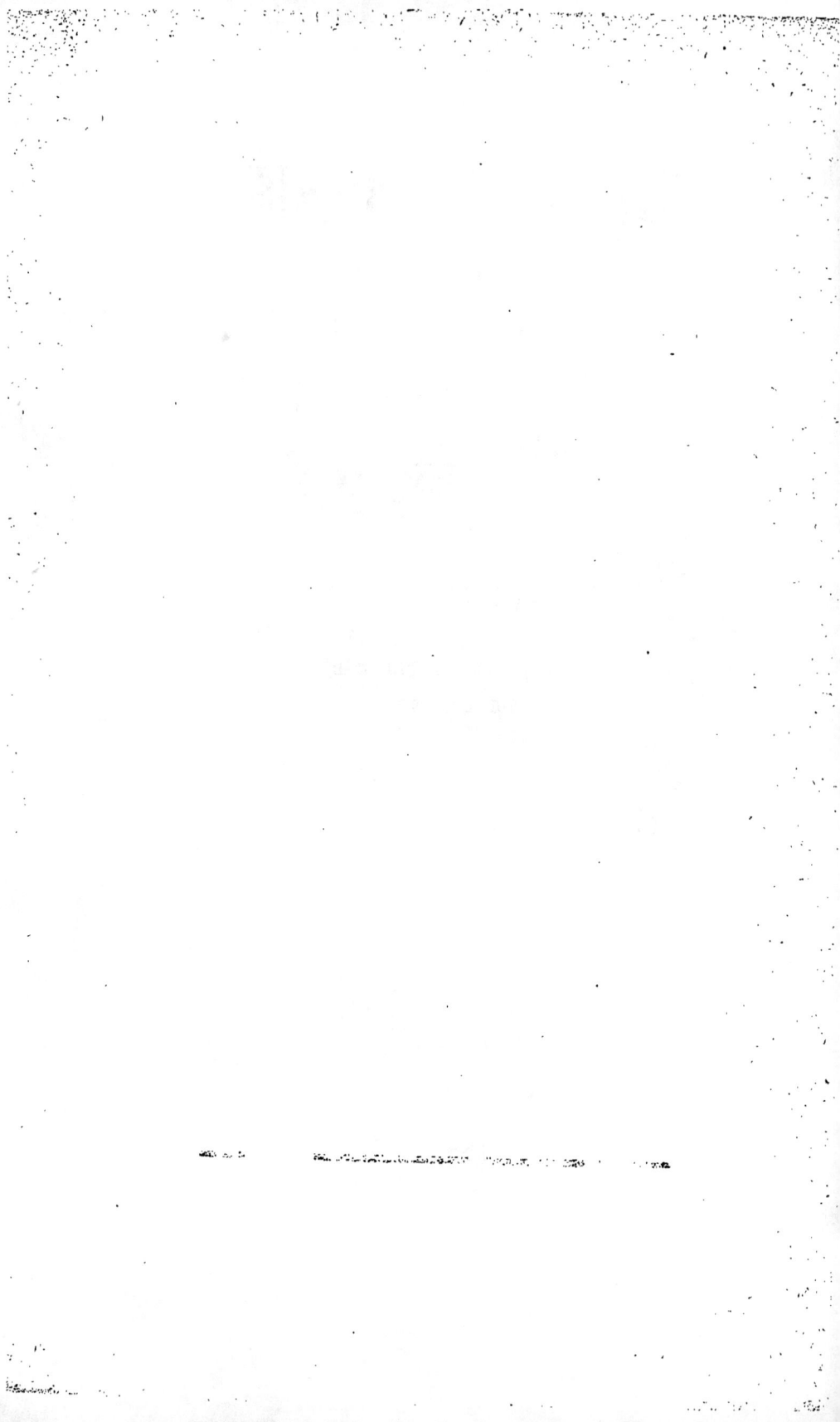

# À Monsieur Louis CADOT,

### Député de la Somme.

Cher Monsieur.

Vous voulez réunir en brochure les Causeries agricoles que vous m'aviez demandées pour le Journal que vous patronnez.

Si ces Causeries écrites sans plan ni suite, sous l'inspiration des faits du moment ou des travaux de la saison, peuvent intéresser quelques lecteurs, j'en serai flatté ; mais je serais surtout heureux qu'elles eussent contribué à fortifier en vous un penchant que vous avez recueilli dans l'héritage paternel et dont vos études et vos occupations jusqu'à ce jour ont empêché le développement.

Votre regretté père avait un goût très-vif pour les choses de l'Agriculture ; et c'est dans son petit domaine des Oseraies qu'il venait se délasser des fatigues du barreau, de la magistrature, ou des fonctions administratives.

J'acquitte une dette du cœur en rappelant son souvenir en tête du travail que j'offre à son fils.

Votre affectionné,
F. GEORGES.

Hargival, 20 Septembre 1881.

# 1re Causerie

—

**Le temps qu'il fera, et le temps qu'il a fait.**

Il n'est personne qui n'achète des almanachs, et qui, tout en étant bien convaincu de la fausseté de leurs pronostics, ne s'amuse à lire les prédilections saugrenues qu'ils contiennent pour tous les jours de l'année à venir.

Mais il est peu de gens qui tiennent note du temps qu'il a fait, et de l'influence exercée sur les récoltes par les événements météoriques qui se sont produits dans le cours de l'année. Cependant l'étude des temps passés pourrait conduire à des observations fort instructives, et qui offriraient aux cultivateurs tout autant d'intérêt, et en tout cas plus de certitude que des pronostications sans règle et sans fondement.

Les lecteurs de l'*Indépendant* trouveront peut-être quelque intérêt à se rappeler les principaux phénomènes de la campagne qui se termine. Nous allons les résumer en peu de mots, et indiquer

1

l'influence qu'ils ont eue sur les résultats
généraux de la récolte de 1880.

L'hiver avait débuté avec une rigueur
extrème, et le froid avait atteint une
intensité qui n'avait pas été constatée
depuis deux siècles, et qui a eu pour effet
de faire périr tous les arbres à fruits
et d'ornement, dans les vallées, ou à
certaines expositions. Sur les hauteurs,
ces arbres ont été épargnés.

L'hiver, malgré sa rudesse, ne semblait pas avoir causé de dommages
sérieux aux récoltes en terre que la neige
abritait. Cependant une certaine quantité
de blés anglais insuffisamment acclimatés,
avaient été atteints ; on ne le reconnut
pas assez vite et ils ne furent remplacés
que tardivement. Ce rude hiver passé,
on s'estimait heureux qu'il n'eût pas
causé de plus grands dégâts dans les
semis d'automne ; mais, aux premiers
jours du printemps il survint un hâle sec
avec vent du nord qui dura jusqu'à la fin
de mai, et paraissait avoir beaucoup
compromis les céréales, en même temps
qu'il entravait la levée des betteraves.

Des orages fréquents sont venus enfin,
dans le mois de juin, réveiller la végétation des blés d'automne, faire lever les
betteraves en retard, et provoquer un
développement extraordinaire des blés de
mars mis en place des blés d'hiver
éclaircis.

La température orageuse, douce et chargée d'électricité domina pendant tout le cours de l'été, et permit à la végétatiou de regagner le temps perdu.

Aussi, la récolte des principales céréales, blés, orges et avoines, fut bonne en général : et par exception à la règle, les blés de mars furent plus abondants en grains et en pailles que ceux d'automne.

En outre, le cours de ces grains s'est un peu relevé cette année, malgré l'abondance de la production ; et cette heureuse coïncidence est venue fort à propos soulager la culture qui souffrait depuis plusieurs années de la médiocrité de ses récoltes combinée avec l'avilissement des cours.

Nous reviendrons prochainement sur les causes de cet avilissement. qui a donné lieu à de si vives réclamations, et nous examinerons les moyens proposés pour y remédier.

Donc, malgré les inquiétudes provoquées d'abord par le terrible hiver, puis par la sécheresse du printemps la moisson des céréales a été bonne. Elle aurait encore été meilleure si l'on eût étudié plus soigneusement l'état des semis à la fin des gelées, et si l'on eût pris le parti de remplacer plus tôt les blés qui laissaient des doutes. Il y en a, eu effet, que l'on n'a remplacés que trop tardivement ; et il en est qu'on a laissés et qu'il eût

mieux valu défaire, parce qu'ils n'ont
donné qu'un résultat insuffisant.

Arrêtons-nous à ce point pour tirer
tout de suite deux conclusions : la première est que si les blés anglais sont plus
généreux que nos blés de pays, ils sont
aussi plus tendres, et qu'il faut les accli-
mater de deux ans au moins avant de les
semer en grand. La seconde conclusion
est qu'un cultivateur ne doit jamais laisser
subsister de semis douteux. Pour une
fois qu'il réussit en conservant une
emblave compromise, il lui arrive trois ou
quatre fois d'avoir à le regretter. Comme
on ne peut faire qu'une récolte par an,
et que si l'on se trompe on ne peut pas
recommencer, il est sage de se donner
au moins pour cette unique récolte ses
pleines chances de succès. Voilà deux
vérités élémentaires que la campagne de
1880 a rendues bien évidentes pour tous
ceux qui veulent réfléchir.

Nous ferons au sujet des betteraves
une observation analogue. La sécheresse
des premières semaines du printemps
ayant compromis la levée, beaucoup se
demandaient s'il fallait laisser les semis
où la levée s'était faite irrégulièrement,
ou les culbuter pour ensemencer à nouveau. Ceux qui ont pris ce dernier parti
ont eu, du moins, la satisfaction de voir
leurs champs couverts d'une végétation
uniforme ; et le rendement au poids y a

été supérieur à celui des champs où la plante était claire et inégale. La qualité a fait défaut d'un côté comme de l'autre ; mais cela tient à des causes d'un autre ordre, et surtout à la température qui a régné depuis la fin d'août jusqu'au 20 octobre.

Voilà donc de bonnes indications que nous retirons de l'étude de l'année écoulée ; et si au lieu de vouloir deviner le temps de l'année prochaine, nous notons chaque soir le temps qu'il a fait dans la journée, nous pourrions, à la fin de la campagne, en repassant notre calendrier, nous rendre compte des causes qui ont fait réussir ou échouer telle récolte, et cet examen rétrospectif serait à coup sûr plus instructif pour nous que les ridicules prédictions de Mathieu Lænsberg ou de Nostradamus.

Un dernier mot à ce sujet: s'il est impossible de connaître plusieurs mois à l'avance le temps qu'il fera en telle ou telle saison, le télégraphe nous offre pourtant la facilité de connaître, 24 ou 48 heures à l'avance l'arrivée des grands changements atmosphériques. Les journaux publient régulièrement les indications de l'observatoire de Paris, et des dépêches spéciales sont expédiées à la mairie des communes qui s'abonnent pour recevoir directement ces renseignements. En temps de moisson surtout, ces avertissements ont une valeur inappréciable ; et aujourd'hui que le service télégraphique est installé dans tous les cantons, nous ne saurions trop engager les administrations communales à contracter un abonnement pour recevoir les bulletins de l'observatoire, et à les faire publier pour que les intéressés soient prévenus. Comme dit le proverbe, un homme averti en vaut deux.

Ceci nous remet en mémoire une histoire connue : Un fermier normand, chicanier comme les gens de sa race, rendait souvent visite à son avocat. Etant un jour à la ville, et ayant terminé son marché de bonne heure, l'habitude le conduisit à la porte du cabinet où il prenait des consultations. — Monsieur l'avocat, je viens vous demander un conseil. — Je suis à votre service, mon ami. Quelle nouvelle affaire avez-vous donc ? — Je n'en ai aucune aujourd'hui ; mais je n'en viens pas moins vous demander un conseil. Mon père m'a souvent dit qu'un conseil est toujours bon à prendre. — L'avocat sourit, et après réflexion il dit : voici mon conseil : ne remettez jamais à demain ce que vous pouvez faire tout de suite. — Combien la consultation ? — C'est 5 francs. — Le fermier fit une grimace et paya, tout en se disant que l'avocat avait moins de mal que lui à amasser des écus.

La consultation n'avait pas été longue, et, quelques minutes après, notre Normand était sur le chemin de son village, ruminant le conseil de son avocat, et se demandant s'il lui en avait donné pour son argent. Tout à coup, une idée l'illumina, et fouettant son cheval, il arriva chez lui avant que midi fût sonné. Mettant aussitôt beaucoup de monde sur pied, il donna l'ordre d'épandre tous les foins qui étaient en meulons, les fit remuer vivement, et put les rentrer secs dans le cours de l'après-midi. Bien lui en prit, car le lendemain commençait une longue période de mauvais temps ; et ses voisins, moins bien conseillés, ne s'étant pas pressés, eurent leurs fourrages altérés ou perdus.

# 2ᵉ Causerie

―――

**Les travaux d'hiver et la spéculation
du bétail.**

C'est l'hiver ; il fait froid ; il pleut ; la
terre est à l'état de boue ; il n'y a plus
rien de bon à faire dans les champs, mais
la besogne ne manque pas à la ferme.
Battre et vendre les grains, alimenter
le bétail, charrier les fumiers, préparer
les semences, s'approvisionner d'engrais
auxiliaires, faire les plantations, réparer
les clôtures, curer les fossés, etc., il y a
toujours à faire pour le cultivateur
soigneux.

Nous nous arrêterons aujourd'hui sur
un sujet de première importance ; l'alimentation du bétail en hiver.

Les pâtures sont vides ; tout le bétail
qui vivait si heureux et si libre, au grand
air et en plein soleil, est désormais
emprisonné dans une étable sombre ; et au
lieu de l'herbe si fraîche de la prairie,
qu'est-ce qu'il a pour sa ration ?

Il y a 50 ans, le bétail rentré à l'étable
ne recevait qu'un peu de fourrage sec et

des pailles battues; et c'était avec cette maigre pitance que la brebis devait élever son agneau, et la vache donner du lait.

Le passage du régime vert au régime sec constituait déjà pour les animaux une épreuve redoutable à laquelle un certain nombre succombait : mais l'insuffisance de l'alimentation était encore le côté le plus fâcheux de ce régime.

Il est juste de reconnaître qu'aujourd'hui on est dans une meilleure voie. La ration des animaux est plus forte et mieux composée ; mais est-elle aussi abondante, aussi variée, aussi bien comprise qu'il le faudrait pour obtenir du bétail un produit rémunérateur ? Telle est la question qu'il y a lieu d'examiner.

Pourquoi a-t-on du bétail, en dehors des bêtes de trait? à cela les uns répondent : c'est pour faire du fumier — d'autres : c'est pour en obtenir des produits vendables, convertissables en argent.

Si le bétail ne servait qu'à produire du fumier, il faudrait y renoncer, par la raison que les fourrages qu'on lui donne à consommer peuvent valoir plus comme engrais que le fumier qui résulte de leur consommation. Il y a longtemps que les chimistes ont établi que l'azote et les autres principes nécessaires à la fécondation du sol sont en moindre proportion dans le fumier qu'on tire de l'étable que dans les fourrages et les pailles qu'on a mis dans le ratelier; et la raison de ce fait est que le bétail, en transformant les aliments, s'est incorporé une bonne partie de leurs éléments les plus utiles. Il est juste d'ajouter qu'il rend plus assimilables ceux de ces éléments qu'il laisse dans le fumier. Quoiqu'il en soit, dire qu'on tient du bétail uniquement pour faire du fumier est une chose absurde. Au point de vue de l'engrais, il serait préférable de faire fermenter ses pailles et fourrages, en les arrosant de liquides spéciaux, que de recourir, pour les désagréger, à l'intermédiaire onéreux du bétail.

Mais on doit tenir du bétail pour faire transformer par lui, en produits vendables et facilement transportables, des choses qui n'ont guère de valeur par elles-mêmes, ou qui ne peuvent pas en avoir sur place, comme l'herbe de la vaine pâture, ou celle des pâtures artificielles, les fourrages de toutes espèces, les résidus de diverses industries, sons, drèches, pulpes, tourteaux, etc., etc. Le but de la spéculation du bétail est de réduire sous une forme condensée, et propre à la consommation humaine ou au commerce, une foule de matières qui, sans cela, seraient inutilisées. Le fumier, qui est le résidu de cette fabrication animale, doit revenir gratis; si l'opération a été bien conduite.

Est-il possible de gagner de l'argent

avec le bétail, c'est-à-dire de lui faire bien payer les fourrages qu'il consomme, et d'avoir le fumier de reste ? Voilà le problème le plus important qu'il y ait en agriculture.

Il y a des faits, des exemples qui prouvent que la chose est possible, et que la spéculation animale peut être la source de profits sérieux.

Malheureusement, ces exemples ne sont pas aussi nombreux qu'on pourrait le désirer ; et on ne rencontre que trop souvent des cultivateurs qui ne voient dans le bétail qu'un mal nécessaire, parce qu'ils ne savent pas le tenir dans les conditions voulues pour en tirer profit.

Pour que le bétail rémunère celui qui le nourrit, il faut qu'il croisse, il faut qu'il crée des produits quelconques, (travail, lait, laine ou viande,) dont la valeur dépasse celle des fourrages et des soins qu'il a reçus.

Si l'on ne donne à l'animal que la ration indispensable pour entretenir sa vie, pour le conserver tel qu'il est, il ne produit rien ; et dans ce cas, il ne fait que consommer inutilement des fourrages et détruire de l'engrais.

Si l'on augmente cette ration, il produira de la viande ou bien d'autres valeurs en proportion directe de l'alimentation reçue.

Supposons une machine à vapeur qui

exigerait, pour être mise en mouvement, de la vapeur à 5 k. de pression. Tant que le feu ne serait poussé que de manière à élever la vapeur à 4 k., la machine resterait inerte, et si l'on en restait là, le charbon serait consommé inutilement. Mais si l'on active le foyer en l'alimentant davantage, le surcroît de combustible dépensé développe aussitôt une force considérable.

Il en est de même de la machine animale. Le bétail nourri insuffisamment, et au simple état d'entretien, ne produit pas, détruit de l'engrais, et ruine son nourrisseur. Mais si la ration est convenablement accrue, alors le bétail s'améliore, se développe, et donne des produits réalisables ; il paie cher les fourrages qu'il consomme ; il fait du fumier riche parce que ses déjections sont riches, et ce fumier est laissé gratis au cultivateur.

Voilà toute la théorie du bétail. Celui qui ne la comprend pas, ou qui, la comprenant, ne l'applique pas, perd de l'argent à nourrir des animaux, et gaspille des fourrages sous prétexte de faire du fumier. Il vaudrait mieux pour lui qu'il enfouît ses pailles directement dans le labour, après leur avoir fait subir une macération quelconque. Si l'on cherchait à établir le nombre de cultivateurs qui sont dans ce cas, on en trouverait un chiffre effrayant. Par amour-propre national nous n'insisterons pas sur ce calcul.

Mais, dira quelqu'un, pour nourrir abondamment, il faut de larges ressources, il faut faire des avances que la situation de beaucoup de fermiers leur interdit.

A cette objection il y a plusieurs réponses : d'abord, pourquoi avoir plus de bétail qu'on n'en peut utilement nourrir ? Ne vaut-il pas mieux entretenir convenablement quatre bêtes qui produiront, que d'en faire languir huit qui consommeront des vivres sans profit ? Ensuite, puisque c'est en vue du bénéfice que l'on entreprend une exploitation, il faut ici, comme en toute industrie, faire les avances nécessaires. Pour avoir un poulet, ne faut-il pas d'abord un œuf ?

La question est nettement posée et elle n'est pas controversable. Il n'y a qu'un moyen de tirer du bétail un parti avantageux : c'est de le nourrir abondamment sans prodigalité, c'est-à-dire intelligemment. Le mode d'alimentation à suivre, surtout en hiver, mérite un sérieux examen, et il fera l'objet d'une prochaine causerie.

Mais il y a un autre point très important à étudier : cette alimentation large et rationnelle ne doit être donnée qu'à des animaux ayant l'énergie, l'aptitude, toutes les qualités voulues pour la mettre à

profit, et non à du bétail défectueux qui
ne l'utiliserait pas complétement. Une
autre causerie sera consacrée à établir que,
sous ce rapport, beaucoup de cultivateurs
font fausse route et ne se doutent pas des
conditions dont la réunion est nécessaire
pour réussir dans cette partie. Les routines
qui règnent servent d'excuse au grand
nombre ; mais elles ne justifient personne,
et leur maintien est la principale cause
des malaises si fréquents qui pèsent sur
l'agriculture française.

# 3e Causerie

**L'alimentation du bétail en hiver.**

Qu'il s'agisse de bêtes ovines ou de bêtes bovines, le premier des aliments est l'herbe. Nourriture complète, providentiellement préparée, elle suffit à tous les besoins du développement des animaux, excepté dans certaines conditions exceptionnelles de températures, ou sur des sols de nature mauvaise. Une quantité donnée d'herbe verte produit toujours plus d'effet que la proportion correspondante en foin fané ; et ce résultat que chacun a pu constater doit tenir à ce que la disgestibilité de l'herbe verte est plus grande et que le fourrage sec se laisse plus difficilement pénétrer par les sucs digestifs de l'estomac.

Cet effet étant connu, il y a une conclusion toute naturelle à en tirer : c'est que l'alimentation la plus convenable pour le bétail est celle qui se rapproche le plus de la nourriture verte, et la moins profitable celle qui s'en éloigne davantage.

2

Le régime exclusivement sec est donc condamnable en principe ; et pour tenir lieu de l'herbe qui fait défaut en hiver, il faut recourir à l'usage des racines, ou des tubercules, des choux flamands, des fourrages verts conservés par l'ensilage, des foins secs attendris par le mouillage avec de l'eau légèrement salée, et enfin des buvées tièdes, avec accompagnement de sons, de farineux ou de tourteaux, etc., etc.

Quelqu'un va s'écrier : mais, que d'embarras et de frais pour faire vivre son bétail ! C'était bien plus simple avec le régime sec du temps passé.

C'est très vrai ; mais, avec ce régime sec si commode, tout se trouvait aussi à sec, et le pis de la vache, et la mamelle de la brebis, et la bourse du fermier.

Il n'y a pas de terme moyen dans cette question ; la bête ne donne ou ne profite que suivant ce qu'elle digère ; et le plus économique est encore de la nourrir largement.

Il faut donc prévoir, pour l'hiver, en proportion du bétail que l'on tient, d'abondantes provisions qui peuvent consister, dès l'abord, en navets et carottes crus, puis en betteraves données hachées et fermentées, enfin en pommes de terre à soumettre à la cuisson, etc. Mais, il y a pour l'hiver un fourrage vert supérieur à toutes les racines : c'est le chou cava-

lier qui supporte jusqu'à 12° de froid
et au-delà, et qui constitue un riche
aliment dont on ne saurait trop avoir.
Le chou, fait en bonnes conditions, donne
un rendement de 40 à 50 mille kilos à
l'hectare. On le plante en récolte dérobée, après minette, trèfle anglais, ou
même scourgeon, sur bonne fumure et
fort labour. Sa réussite exige un sol
en bon état, pour qu'il puisse prendre
un prompt développement ; mais il est à
noter qu'il épuise peu le sol, et qu'à raison
de la nitrification qui se produit sous
l'ombrage épais de ses feuilles pendant
l'automne, le chou laisse la terre en
excellente condition pour recevoir au printemps un semis de betteraves, ou de
n'importe quelle plante.

On doit récolter les choux à mesure
des besoins, et éviter de les laisser fermenter pour qu'ils ne donnent pas une
mauvaise odeur à l'étable ni au lait. A
cette fin, on en coupe la provision de 6 à
8 jours toutes les fois que les feuilles sont
sèches ; on tranche les tiges près du sol
en ayant soin de ne pas casser les feuilles ;
et on les réunit par un lien en bottes de
15 à 20 kilos qui peuvent séjourner une
huitaine dans le champ sans s'altérer,
et dont on ne fait la rentrée que pour les
besoins d'un ou deux jours. Les bottes
sont mises telles quelles dans le râtelier ;
mais il est nécessaire, quand on en donne

aux brebis mères, de recueillir les tiges
qu'elles ne peuvent entamer, et de les
porter aux vaches qui les broient très
bien ; et ces tiges sont fort nutritives.

Le chou procure une lactation abondante et assure le succès de l'élevage.
Sous ce rapport, il est bien préférable à
la betterave qui, donnée sous n'importe
quelle forme, a souvent pour effet
d'échauffer les animaux, de les disposer
à la stérilité, et d'amener de fréquentes
mortalités parmi les élèves. Ces conséquences fâcheuses peuvent être attribuées
à la forte proportion de sels, notamment
de potasse, qui se trouve dans cette plante.
Les betteraves hachés, mélangées avec
de la menue paille, et soumises à une
fermentation de deux ou trois jours,
constituent cependant un excellent appoint
à l'alimentation.

Mais l'une des ressources d'hiver la
plus employée en Picardie comme ailleurs
est la pulpe de sucrerie, généralement
celle de presses hydrauliques. Elle doit
la vogue dont elle jouit auprès des cultivateurs à ce qu'elle constitue un aliment
tout préparé, facile à conserver, facile à
servir, et que le bétail de toute espèce
prend avidement. Cependant la pulpe a,
encore à un plus haut degré, tous les
inconvénients de la betterave. Elle n'est
véritablement utile que pour l'engraissement ; et on n'en doit donner largement

qu'à l'animal qui est destiné à passer à la boucherie dans un délai rapproché.

L'usage de la pulpe de sucrerie a produit, dans les départements du Nord de la France, des conséquences sur lesquelles il y a lieu de s'arrêter. Son emploi irréfléchi a porté un coup fâcheux à l'élevage des bêtes ovines, et a aussi diminué celui des bêtes à cornes. Alléchés par les résultats que donnait l'engraissement par la pulpe, les éleveurs se sont fait engraisseurs. Mais la demande trop active du bétail maigre n'a pas tardé à en faire élever les prix dans une proportion exagérée, et de manière à ne plus laisser à l'engraisseur qu'une marge insuffisante. Cette industrie nouvelle a surtout profité aux pays d'élevage et aux marchands intermédiaires.

Il n'est pas donné à tout le monde de se connaître en bétail, et de savoir acheter et vendre. Beaucoup ont été dupes de ce commerce, et trouvant facilement crédit pour acheter, ont mésusé de cette facilité et compromis leur avoir. On en peut citer des exemples dans bien des villages.

Un autre inconvénient très grave qui est résulté du développement de l'industrie de l'engraissement, c'est que la circulation plus fréquente des bestiaux d'une région à l'autre a propagé partout les germes des maladies du bétail, et multiplié les occasions de contagion et d'infection.

A titre de compensation on peut citer quelques bonnes habitudes qui sont la conséquence de cette industrie nouvelle pour notre contrée : ainsi, elle a porté et habitué les fermiers à varier l'alimentation animale et à la distribuer plus largement, à mieux apprécier et à rechercher les avantages d'une bonne conformation et de certaines aptitudes chez les animaux ; et enfin à vendre le bétail au poids sur la bascule, ce qui déjoue une partie des tours et des fourberies des maquignons.

Mais il est extrêmement regrettable que l'abus des pulpes ait si fortement diminué l'élevage. C'est une erreur capitale dont il faudra revenir pour ne pas compromettre la richesse agricole de la Picardie.

Le cultivateur ne doit jamais perdre de vue que son métier est un gagne-petit, soumis à beaucoup de chances mauvaises, et qu'il n'est pas sage d'y risquer de gros capitaux comme dans des industries plus régulières. Sa préoccupation, à lui, doit toujours être de restreindre les risques ; et il cesse d'être prudent, quand il achète, à haut prix, du bétail dont il n'est pas sûr d'augmenter beaucoup la valeur, et qu'il peut perdre par accident. Il reste dans son rôle et ne court qu'un faible risque quand il opère sur du jeune bétail, qu'il fait croître et qu'il amène successivement à son maximum de valeur vénale.

En un mot, le cultivateur doit faire pour le bétail ce qu'il fait pour les végétaux cultivés. C'est d'une poignée de grains de semence qu'il fait sortir une récolte, de même, c'est sur de jeunes sujets, agneaux, veaux ou poulains, coûtant peu au début, et qu'il amène aussi rapidement que possible à leur complet développement, qu'il doit baser ses spéculations en bétail. Il nous semble qu'il doit, de préférence, élever tous les animaux dont il a besoin, et n'engraisser que ceux qu'il a élevés et qu'il connaît bien. Cette manière d'opérer n'oblige pas à mettre un grand capital en circulation puisque les valeurs se créent dans la ferme à mesure que les jeunes produits grandissent ; et elle a l'avantage d'échelonner et de régulariser les opérations relatives au bétail, de rendre moins sensibles les effets des fluctuations de prix, d'écarter en grande partie les dangers des épizooties, et enfin de donner plus de sécurité à l'exploitant.

Cependant, il ne faut pas le dissimuler, l'élevage exige beaucoup de prévoyance, d'assiduité et de persévérance.

Nous résumerons cette causerie, sur l'alimentation du bétail en hiver, en répétant qu'il est essentiel que le régime de cette saison ne diffère pas trop fortement de celui de la période d'été ; et en recommandant de suppléer à la nourri-

ture verte, que la saison supprime, par
l'emploi des choux cavaliers, des racines,
des pulpes et des conserves de fourrages
verts ensilés, et en leur associant les
farineux et les tourteaux.

La conservation des fourrages verts
par l'ensilage est une pratique qui prend
beaucoup de développement dans certaines parties de la France, et qu'on
applique principalement aux récoltes de
maïs fourrager, ou aux regrains de luzerne
et de trèfle qu'il est si difficile de faire
faner. Les fourrages verts de toute nature
peuvent se mettre en silos comme on y
met les pulpes ; en étant énergiquement
tassés et fortement chargés de terre ils
se conservent indéfiniment, et paraissent
acquérir des propriétés plus nutritives
par la fermentation qui se fait lentement
au sein du silo bien clos.

Il est désirable que l'expérience de
ces conserves se fasse aussi dans notre
circonscription.

# 4e Causerie

---

## Du choix du bétail.

Dans une précédente causerie, nous avons cherché à établir que :

Tenir du bétail uniquement pour faire du fumier est une opération illogique :

Que le bétail doit être considéré comme une machine à produire, comme un agent pouvant transformer utilement des fourrages ou des résidus qui n'auraient pas, ou que peu, de valeur sur place ;

Que le fumier n'est qu'un résidu de cette transformation ;

Que le bétail nourri à la simple ration d'entretien ne paie pas ses fourrages, et fait du fumier médiocre et très-cher ;

Et qu'il n'y a que le bétail nourri largement qui puisse payer les fourrages qu'il consomme, et laisser gratis un fumier riche en principes utiles.

Il ressort de cette démonstration qu'il faut nourrir le bétail de façon à déterminer le maximum de croît ou de production, afin de réduire à sa plus simple expression la ration d'entretien c'est-à-dire celle qui ne fait qu'entretenir la vie, et qui par conséquent est improductive. L'idiome populaire picard donne l'appellation de *bétail useux* à celui qui ne reçoit que la simple ration d'entretien, et cette appellation est aussi juste que significative.

La conclusion qui vient d'être indiquée en entraîne une autre, qui est que l'alimentation abondante, qui seule peut être fructueuse, ne doit être donnée qu'à des animaux ayant les aptitudes voulues pour en profiter.

Tout le monde sait qu'entre des animaux semblables en apparence il peut exister des différences d'aptitude sans limites.

Certaines bêtes engraissent en consommant les fourrages les plus grossiers, pendant que d'autres ne peuvent utiliser les matières les plus nutritives, et maigrissent au sein de l'abondance.

On voit des chevaux qui sont toujours en bon état, qui travaillent plus que leurs compagnons de trait et qui ne sont jamais las ; et d'autres qui sont tout l'opposé.

On cite des chevaux qui peuvent faire plus de cent kilomètres d'une traite sans être fourbus ; et d'autres qui sont sur la litière pour en avoir fait le quart.

Il y a des vaches qui donnent, à certain temps de leur vélaison, 30 litres et plus de lait par jour, pendant que leurs voisines d'étable, dans les mêmes conditions, en donnent 6 ou 8.

On en cite qui produisent près de 5,000 litres dans une année, et le plus grand nombre n'atteint pas 2,000 litres.

Il serait facile de citer des disparates encore plus tranchées ; celles-ci suffisent pour permettre d'établir :

1° Qu'il y a des animaux qui ne peuvent jamais payer leur nourriture, ni en lait, ni en laine, ni en travail, ni en viande ; ceux-là font du fumier cher et ruinent leur maître ;

2° Qu'il en est d'autres qui utilisent si bien les fourrages, qu'ils donnent toujours du profit ; ceux-là fabriquent de l'engrais à bon marché ;

3° Et enfin, que la première des connaissances d'un cultivateur est de savoir reconnaître les animaux qui tireront le plus grand profit de ses fourrages, et qui créeront le plus de valeurs.

C'est là le point capital du métier : savoir labourer, semer, récolter, n'est rien à côté de faire produire.

A quoi serviraient labours et semences sans l'engrais? Aucun homme du métier n'ignore qu'avec de bons engrais on fait pousser ce qu'on veut.

Entre de l'engrais médiocre coûtant cher, et du fumier riche obtenu pour rien, il y a la même différence qu'entre la ruine et la fortune du cultivateur.

La question se pose donc nettement, et n'admet pas de termes moyens. Si vous nourrissez bien des animaux de bonne race, ils vous donneront du profit. Vous aurez beau prodiguer la nourriture à du bétail de race défectueuse, vous y perdrez vos peines.

Le nombre des bêtes de la première catégorie est restreint, trop restreint ; celui des médiocres ou des mauvaises est infini. Pourquoi cela ?

Pouquoi ? C'est parce que la plupart de ceux qui se livrent à l'élevage ne comprennent pas la loi principale de la reproduction.

Le principe dominant, celui de l'hérédité, et la transmission des qualités héréditaires, c'est que le produit ressemble à ses père et mère, mais qu'il leur ressemble sur tout et plus généralement dans ce que ceux-ci ont hérité de leurs ancêtres ; ce qui veut dire que les reproducteurs transmettent moins leurs qualités individuelles que celles qu'une longue suite de générations a fixées dans leur race. Ce fait est basé sur des observations si nombreuses qu'il ne peut plus être mis en doute ; et il s'ensuit que l'éleveur doit moins s'attacher aux mérites propres d'un reproducteur qu'aux qualités reconnues de la famille à laquelle ce reproducteur appartient.

Il existe des types, des races dont le

sang s'est conservé sain et pur, et dont les caractères se transmettent invariablement. Il en est d'autres dont les qualités primitives se sont altérées sous l'influence des causes locales d'un mauvais milieu, des privations, des maladies ou des mésalliances.

Les reproducteurs d'origine irréprochables transmettent intégralement leurs qualités supérieures à leurs descendants.

Ceux dont le sang est abatardi par le croisement avec des familles dégénérées ne peuvent transmettre que ce mélange de bon et de mauvais, de force et de faiblesse, qui est en eux. La lutte entre les deux principes, entre le sang pur et le sang impur, se traduit toujours par un fâcheux résultat : c'est fatalement le mauvais qui l'emporte.

Et la raison de ce fait n'est pas difficile à trouver. Essayons de la faire comprendre.

Tout le monde sait les fâcheux effets qu'amène inévitablement le mariage entre des personnes ayant la prédisposition héréditaire à certaines affections. S'il y a alliance entre deux sujets ayant le même vice originel, le mal se multiplie par lui-même, et prend des proportions effrayantes dans la descendance.

Ce qui se constate si facilement dans l'espèce humaine à propos des affections transmises par l'hérédité, peut s'observer, se constater à un degré égal pour toutes les prédispositions particulières qui distinguent les races et les familles animales. L'énergie vitale, la résistance à la fatigue et aux intempéries, certains instincts comme la docilité ou son contraire, l'aptitude à produire plus ou moins de lait, à porter plus ou moins de laine, à engraisser plus ou moins facilement, toutes ces facultés se transmettent par le sang, se fortifient par des rapprochements judicieux ou s'altèrent par la mésalliance, par des accouplements qui apportent le germe de dispositions contraires et qui introduisent un principe de dégénérescence.

L'éleveur doit donc se faire une règle absolue de rechercher dans le genre de bétail qu'il veut entretenir, les sujets qui possèdent au plus haut degré les aptitudes dont il doit tirer parti, n'élever que les produits des souches les meilleures, et apporter un soin extrême dans le choix des reproducteurs.

Nous dirons en passant, pour ceux qui veulent améliorer des familles animales dont les qualités méritent d'être developpées, que des observations prolongées ont démontré que le mâle donne assez généralement aux produits les caractères extérieurs, la charpente osseuse, l'appareil locomoteur; et que l'influence de la mère se remarque davantage dans l'appareil intérieur, dans les organes vitaux, dans la prédisposition aux maladies, dans les instincts et spécialement dans les qualités laitières. Ces observations résument presque toute la théorie qui doit présider à l'élevage, et suffisent pour donner la clé de l'amélioration des races.

La connaissance de ces observations et l'étude des règles qui doivent diriger l'éleveur constituent une sorte de science encore peu répandue, et qui ne sera jamais à la portée de la masse des praticiens. Mais, s'il n'est pas donné à tout le monde de pouvoir comprendre et appliquer ces lois, il est du moins possible à chacun de se renseigner sur les bons centres d'élevage, et sur les troupeaux particuliers où l'on peut aller acheter à coup sûr des produits de bonne race ; et il est toujours possible à ceux qui n'ont pas le moyen d'acquérir des reproducteurs de race d'élite, de ne conduire leurs femelles qu'à des mâles provenant de troupeaux renommés, et d'exclure de la reproduction tout animal qui n'a pas des qualités suffisantes.

Mais cette question du choix du bétail à entretenir, est si grosse et si complexe que malgré tout notre désir d'être bref, nous croyons devoir y insister davantage et en remettre la suite à la prochaine causerie.

# 5e Causerie

## Du choix du bétail.

Nous avons dit dans une précédente causerie que le point le plus important pour celui qui nourrit du bétail est de ne tenir que des animaux d'élite, c'est-à-dire ayant le maximum d'aptitudes pour les services qu'on veut obtenir d'eux. Nous avons ajouté que la majeure partie des bestiaux nourris dans notre pays sont loin de remplir cette condition ; et par conséquent ne peuvent qu'être onéreux à leurs possesseurs. Enfin, nous avons résumé les principes qui doivent guider ceux qui veulent améliorer leur bétail, et insisté sur les phénomènes de la transmission héréditaire des qualités spéciales à certaines races ou à certaines familles, et sur l'utilité de préserver ces familles d'élite de toute mésalliance, et de confirmer, d'accroître toujours leurs aptitudes par des accouplements judicieux.

La fixité des lois qui président à la transmission des caractères particuliers

3

à certaines souches est parfaitement comprise des éleveurs anglais, et c'est l'intelligence de ces règles qui les a portés à
constater par des documents authentiques
constituant un véritable état-civil, la
filiation généalogique des familles animales les plus méritantes.

Pour l'éleveur anglais, un reproducteur
n'a pour ainsi dire pas de valeur par lui-
même ; il n'en a que par ses ancêtres,
par sa généalogie. Le sujet aux formes les
plus réussies sera vendu au prix du bétail
commun s'il y a là moindre mésalliance
dans la lignée de ses auteurs.

C'est ce qui explique les sommes fabu-
leuses que mettent les Anglais à l'achat
des produits de certaines souches ; c'est
ce qui explique pourquoi en Angleterre
on paie des prix, qu'ici nous trouverions
insensés, pour obtenir la saillie d'un reproducteur de filiation irréprochable.

Par exemple, on a vu un possesseur de
vaches de pur sang Durham, (de la
famille dite Duchesses) payer 1,500 fr.
pour la saillie d'un taureau de la même
lignée, plutôt que de se servir d'un autre
Durham mâle provenant d'une branche
également renommée. La valeur que les
grands éleveurs attachent à la pureté du
sang, le scrupule qu'ils se font de n'y
introduire aucun élément inconnu, sont
portés à ce point qu'ils n'hésitent pas à
mettre, 10, 20, 30, et quelquefois 50 mille

francs pour l'achat d'un reproducteur, mâle ou femelle, dont le blason est intact.

De même, on a vu la location d'un bélier de race pure se payer, pour une saison de monté, plusieurs milliers de francs.

Si nous voulions parler de ce qui se fait pour les chevaux, nous citerions des chiffres encore plus étonnants.

Nous sommes loin, en France, malheureusement bien loin de comprendre et d'appliquer cette théorie! Ici, on accouple, par habitude, des mères défectueuses avec des mâles tarés. On en obtient des rejetons sans énergie vitale, sans qualités spéciales, ne pouvant donner que des produits médiocres sous tous les points de vue; et l'on s'étonne que le bétail ne rapporte pas.

S'agit-il de livrer une femelle à un reproducteur? on ne fera pas une démarche pour s'assurer l'étalon, le taureau ou le bélier le plus renommé. On prendra celui dont la saillie se donne au meilleur marché. C'est en multipliant les économies de cette sorte qu'on arrive sûrement à la misère.

On voit le long des grands chemins de notre Picardie certains troupeaux de moutons à l'aspect malheureux, portant avec peine une maigre toison qui s'en va par lambeaux!

On voit sur nos pâtures communales des bandes de vaches difformes et déchar-

nées que des conducteurs brutaux chas-
sent à grands coups de fouet. Que peuvent
produire en laine, en lait, en viande, de
pareils animaux, ainsi tenus? Et quels
sujets peuvent-ils donner comme reproduction? Et quels peuvent-être les profits
d'une agriculture basée sur un pareil
bétail?

C'est là, incontestablement, le vice
principal de notre situation agricole. Le
fermier français commence à bien comprendre l'utilité d'une bonne alimentation;
mais il n'a pas encore compris les lois
cependant si évidentes et si absolues de
la reproduction, et la nécessité de ne faire
naître et de n'entretenir que des sujets
améliorés, que des types supérieurs dans
n'importe quelle espèce, chevaux, vaches,
moutons ou porcs.

Est-ce que le poulain disgracié qui fera
à quatre ans un cheval sans nom et sans
valeur n'aura pas consommé autant de
nourriture qu'un produit de bonne race
que les amateurs se disputeront à haut prix?

Est-ce que le veau à poitrine serrée et
à conformation anguleuse, qui ne par-
viendra après 4 ou 5 ans d'attente qu'à
faire une vache commune et de bas prix,
n'aura pas consommé plus de nourriture
que l'élève d'une race précoce et généreuse
qui aura acquis, au bout de 3 ans, son
maximum de valeur? Et quelle différence
de valeur!

Voilà des faits de toute évidence ; ils
crèvent les yeux de celui qui veut voir ;
et cependant, (nous le disons à regret,
mais il faut bien le dire) le plus grand
nombre des cultivateurs restent asservis
à cette déplorable routine d'élever du
bétail sans qualité et sans avenir.

On nous objectera peut-être que les
sujets de races supérieures se vendent
cher, et qu'il n'est pas permis à toutes
les bourses de se les procurer. Mais si l'on
ne peut acheter la mère, il est plus facile
d'acheter le veau, et de se faire peu à
peu, avec l'aide du temps, une bonne
souche de reproduction.

Bien que le plus économique et le plus
court soit de puiser directement dans les
troupeaux améliorés, dont les qualités
sont bien fixées par une série de générations, on admettrait encore que celui qui
possède un animal remarquable par certaines qualités, s'applique à l'appareiller
avec un sujet d'égale valeur, pour en
obtenir une souche dans laquelle il
chercherait à fixer ces qualités reconnues.

La poursuite de ce résultat sera généralement longue et incertaine ; il faudrait,
pour atteindre un résultat dans la transformation d'une race posséder d'abord
de grands capitaux, puis des connaissances et des dispositions spéciales. Les
quelques éleveurs anglais qui ont réussi
dans cette voie, Bakewel, les frères Col-

ling, Jonas Webb, etc., peuvent être considérés comme des hommes exceptionnels qui ont rendu à leur pays des services d'une portée incalculable. Bien que leurs procédés soient aujourd'hui connus et divulgés, et que ceux qui voudraient les imiter n'aient plus à suivre que des voies tracées, on ne peut conseiller à personne de tenter semblable entreprise.

Il est donc sage de tâcher de se procurer du bétail de bonne race là où l'on en peut trouver à sa portée, et d'en faire souche. Il n'y a de bonne et fructueuse agriculture que celle qui repose sur cette base.

Comme preuve de la vérité de cette assertion, il suffit de citer la prospérité évidente de toutes les régions qui ont amélioré leurs races animales, comme le Nivernais, la Normandie, la Flandre, etc. Les races flamande et normande, il est vrai, s'étaient maintenues bonnes depuis longtemps et il n'y a pas eu d'efforts considérables à faire pour les perfectionner. Mais il n'en était pas de même dans le centre de la France où le Charolais et le Manceau ont subi une transformation remarquable, et où l'élevage du bétail amélioré a développé une richesse qui fait un pénible contraste avec l'état de malaise des contrées à culture de plantes céréales et industrielles.

Il reste beaucoup à faire dans notre Picardie au point de vue qui nous occupe. Nous n'avons aucune race présentable que nous puissions revendiquer comme nôtre, ni en chevaux, ni en bêtes à cornes, ni en bêtes à laine, même en porcs. Toutes les régions qui nous avoisinent peuvent produire avec orgueil des types renommés qui leur appartiennent, vaches flamandes, chevaux boulonnais, vaches et chevaux normands, chevaux percherons, bœufs charolais ou manceaux, etc., etc. Nous, nous n'avons rien, et il y a là une lacune énorme à combler, qui appelle tous les efforts et des particuliers et des associations. Nous croyons ne pas exagérer en disant que c'est pour nous, Picards, la question capitale ; et si, dans ces causeries, nous la délaissons un moment pour aborder d'autres sujets, c'est avec l'intention d'y revenir plus tard.

# 6e Causerie

## Les travaux de Mars.

Voici venir la saison agricole la plus intéressante. Celle de la reprise des travaux des champs. Fatigué d'une longue réclusion le laboureur secoue la torpeur de l'hiver et se dispose à ouvrir le sol aux influences vivifiantes du printemps.

La besogne va abonder partout ; mais il n'y a pas d'époque où le laboureur doive veiller plus attentivement à ce qu'il fait, et prendre garde d'aller trop vite et de gâter sa terre.

En décembre ou en janvier, on peut impunément travailler la terre à l'état de boue. Pourvu que le labour soit profond, les bandes retournées s'égoutteront, se désagrégeront à la gelée, et la terre se mettra en poudre aux premiers rayons de soleil.

Mais la terre qu'on remuerait aujourd'hui à contre-temps ou mouillée deviendrait compacte, durcirait au soleil, et ses pores resteraient fermés à l'action des agents atmosphériques.

Si l'on prend une motte de terre bien durcie par la sécheresse et qu'on la mette sur un plat où l'on aura versé un peu d'eau, le liquide pénétrera lentement la motte et n'en mouillera qu'une partie.

Que l'on mette le même poids de terre bien pulvérisée avec la même quantité d'eau, celle-ci s'élèvera par capillarité à travers la masse et l'humectera rapidement et également dans toutes ses parties.

L'effet de transmission de l'humidité qui se produit d'une molécule de terre à l'autre par la loi de la capillarité, se produit de même pour la transmission du calorique dans un sol bien pulvérisé. Or, la circulation de l'eau et de la chaleur est la source de la vie des végétaux.

Pour amener les sols à l'état de pulvérisation et de porosité voulu, il a fallu labourer à temps ceux qui ne se désagrégent que par la gelée ; et pour les maintenir en bon point, il faut se garder de les traiter à contre-temps.

Le principal talent de l'homme des champs c'est d'être observateur et de savoir saisir le moment convenable pour certaines opérations ; et si cette remarque est vraie pour toutes espèces de terrains, elle l'est surtout pour les terrains difficiles.

On rencontre fréquemment sur les coteaux de la Picardie des terres rouges ou

brunes, reposant sur le calcaire, ou mélangées de craie et de silex, qui ne se
divisent que par l'action de la gelée ou
d'une sécheresse prolongée suivie de
pluies.

Quelle que soit la puissance des outils
que l'on a inventés pour diviser et ameublir les sols, aucune machine ne vaincrait
la ténacité de ces terres rebelles, et elles
ne cèdent qu'à l'action des agents naturels que la Providence a si généreusement
mis à notre disposition.

C'est la grande habileté du cultivateur
de savoir se faire aider par ces incompa-
rables auxiliaires qui s'appellent le soleil,
le vent, la gelée, la sécheresse, la pluie,
et de se mettre toujours en mesure d'utiliser leur action qui ne coûte rien.

Voilà pourquoi il est si important d'étudier les phénomènes atmosphériques et
de savoir s'arrêter à propos quand le
mauvais temps menace.

Il y a des gens toujours portés à croire
qu'ils ont perdu leur journée si leurs
attelages sont restés à l'écurie. Cependant,
de même qu'à certains jours il faut savoir
donner un grand coup de collier, en d'autres il est opportun de laisser l'attelage
au repos.

Cette vérité est de toutes les saisons ;
mais c'est surtout aux débuts de la campagne qu'elle doit être plus strictement
observée.

A cette époque, une façon donnée mal
à propos ne peut être réparée ; et on n'en
rachète jamais tous les effets, quelques
peines que l'on y prenne.

Donc, sachons observer et prévoir, et
malheur à celui qui n'est pas suffisamment doué pour cela.

A la saison où nous sommes, on doit
supposer que tous les fumiers charroyés
pendant l'hiver ont été enfouis par le
labour afin que la terre retournée reçoive
l'influence des dernières gelées.

Autrefois, en vue de mêler intimement
le fumier avec la terre, on ouvrait au
binot, à plusieurs reprises, les champs
fumés, et l'on hersait entre chaque binotis.
Ces opérations répétées, dans une saison
très-variable, pouvaient rarement se succéder sans être dérangées par des temps
contraires ; on courait donc le risque, en
multipliant les façons, de gâcher la terre
et de compromettre le succès du labour
final.

On trouve aujourd'hui plus simple, plus
expéditif et plus sûr d'enfouir le fumier
d'un seul coup par un labour plus profond.
Les partisans de la pratique ancienne
critiquent ce procédé par la raison que
l'engrais ne se trouverait pas suffisamment mélangé dans le sol, comme par
les binotis préalables.

Mais l'expérience paraît conclure en
faveur de la méthode nouvelle. Le labour,

fait d'emblée et plus tôt, reste dans un meilleur état d'ameublissement, et il est présumable que le fumier se trouve suffisamment mélangé par les façons d'extirpateur et de herse qui se donnent au moment de la semaille. En tout cas, cette pratique expose à moins de risques et exige moins de temps que celle qui procède par des binotis répétés. Mais ses bons effets ne se produisent complétement que si le labour est réellement profond, c'est-à-dire à 0 m. 30 c. environ. Il est constant que les forts labours s'égouttent mieux et restent toujours perméables, tandis qu'il suffit d'une grosse pluie pour gâter un léger labour, et rendre la terre froide et infertile pour une campagne.

Une grande erreur de l'ancienne culture était de croire que l'engrais ne devait être que peu enfoui, surtout les engrais en poudre, comme les tourteaux, qu'on se contentait de répandre à la surface ou tout au plus de couvrir par un trait de herse. Une partie de l'engrais ainsi laissé à découvert était évaporée par le soleil, une autre entraînée par les eaux ; et ce n'étaient pas là les seuls inconvénients. On a constaté que les engrais trop rapprochés de la superficie du sol provoquent un développement plus rapide des herbes parasites, au point d'amener l'étouffement des plantes cultivées avant qu'on ait pu les nettoyer. En outre, pour celles qui

pénètrent profondément dans le sol comme
la betterave, il est nécessaire qu'elles
rencontrent de l'engrais à diverses profondeurs ; on a reconnu que leur végétation
est plus régulière et plus prolongée,
que la plante s'allonge et se développe
davantage, si, à mesure que les racines
s'enfoncent dans le sol, elles trouvent
des aliments à tous les étages du labour.
Ces observations ont eu pour conséquence
de faire enfouir par le labour profond
même les engrais chimiques les plus
pulvérulents, et les avantages de cette
pratique ne sont pas contestables.

Il est facile, du reste, de s'assurer que
les racines des plantes ne se développent
pas seulement dans les couches supérieures du sol ; au contraire, elles tendent
toujours à s'enfoncer progressivement
pour aller puiser dans les couches plus
profondes non-seulement l'humidité, mais
les éléments organiques ou minéraux qui
dissous et charriés par la sève viennent
s'élaborer dans le système foliacé du
végétal pour servir à former ses tissus,
sa charpente et enfin son fruit.

. On peut constater à la loupe qu'un
jeune plant de betteraves, levé de 15 à
20 jours, a déjà une radicelle principale
à peine visible qui plonge jusqu'à 12 ou
15 centimètres. Le pivot de la betterave
adulte atteint quelquefois deux mètres,
et on a vérifié que des racines de blé

pouvaient s'allonger à cette profondeur
dans un sous-sol très-perméable. Il en est
ainsi de presque toutes les plantes. Il y a
d'ailleurs un fait connu de tout le monde
qui démontre que les racines vivent
surtout dans les couches inférieures du sol ;
c'est que, dans les terrains où le sous-sol
est imperméable, les plantes jaunissent
et s'étiolent dès que les racines se trouvent
arrêtées à cette couche qu'elles ne
peuvent franchir.

La conclusion directe de ces observations est qu'il faut donner au labour le
plus de profondeur possible et répartir
l'engrais dans toute la hauteur de la terre
remuée.

Les fumiers exercent dans le sol une
action à la fois physique et chimique ;
physique, en ce que formés de pailles ou
détritus végétaux en voie de décomposition, ils servent de conducteurs pour faire
pénétrer dans la couche arable tous les
gaz de l'atmosphère ; chimique, parce
que, par leur décomposition et par les
sels qu'ils renferment, ils sont des agents
de réactions, et provoquent la dissolution
des combinaisons organiques et minérales
existant dans le sol, et amènent les éléments de celles-ci à un état de solution
qui permet aux suçoirs des racines de les
absorber.

Etant admise cette double action des
fumiers, à la fois engrais directs par les

parties solublés qu'ils cèdent aux racines, et auxiliaires de désagrégation
par leurs sels et par les phénomènes
de fermentation dont ils sont l'objet, on
est amené à en déduire quelques conclusions qui demanderaient à être dévelop-
pées et que nous ne ferons qu'énumérer
aujourd'hui :

1° Il serait utile de donner à chaque
récolte une fumure dont la décomposition
se prolongerait pendant la durée de la
végétation ;

2° Il est superflu d'en donner en excès,
c'est-à-dire au-delà des besoins de la récolte en cours ; l'excédant est non-seulement un capital immobilisé dont on perd
l'intérêt, mais on perd en même temps
le bénéfice des actions chimiques qui
accompagnent la décomposition progressive du fumier ;

3° Il est donc utile de fumer peu et
souvent ; de répartir ses fumiers sur la
plus grande étendue possible, et si la proportion donnée est insuffisante pour nourrir une récolte (comme ce sera le cas
général) de compléter cette fumure par
une addition d'engrais commerciaux.

Ces conclusions sont contraires à la
pratique ancienne qui était de donner d'un
seul coup une forte fumure (de 60 à
80 mille kilog. par hectare) qu'on ne
renouvelait qu'après une longue période.
En outre des inconvénients signalés plus

haut, la forte fumure avait ceux de provoquer la verse ou la mauvaise qualité de la
première récolte, de tenir le sol soulevé,
d'accroître l'effet des sécheresses, et de
rendre plus difficile la destruction des
herbes parasites. C'est donc avec raison
que la culture moderne tient à ne plus
donner en une fois au delà de 30 ou
40 mille kilog. de fumier de basse-cour
par hectare, et à associer à cette fumure
une certaine quantité d'engrais pulvérulents composés en vue de faire dominer
l'élément le plus utile à la récolte à
laquelle on les applique.

# 7e Causerie

---

## Les engrais auxiliaires.

En culture, l'engrais est tout ; chacun sait cela ; et il semblerait superflu de le répéter.

Cependant si tout le monde comprend cette vérité, tout le monde ne l'applique pas d'une manière suffisante ; et puis, il y a engrais et engrais. Il peut donc n'être pas inutile de causer sur ce point.

Ce n'est pas tout de donner à la terre qu'on veut fertiliser un certain volume de fumier. Il faudrait savoir ce que vaut ce fumier qu'on lui donne, et si on lui restitue ce qu'on lui a enlevé par les récoltes, ou si on lui apporte ce qui lui fait défaut.

On peut voir à l'œil si un sol manque d'argile, de sable ou de calcaire, et ce qu'il faut lui apporter par le marnage où par d'autres amendements pour modifier sa composition et la rendre normale.

Mais on ne peut pas, d'une manière aussi simple et aussi facile, constater la présence ou l'absence des éléments constitutifs des plantes.

Les principaux de ces éléments sont l'azote, le phosphate, la potasse, la soude et la magnésie.

L'azote est l'élément qui pousse au développement des feuilles et des tissus des végétaux. Mis en excès, il détermine la verse des récoltes et leur mauvaise qualité.

Le phosphate est une matière indispensable à la solidification de la tige des plantes, et à la formation du grain et du sucre. Sa présence en excès n'offre jamais d'inconvénients. S'il fait défaut, la tige des plantes reste molle, les grains ou fruits ont peine à se constituer, et manquent de qualité.

Les sels alcalins, potasse et soude, et la magnésie sont des agents qui aident à la dissolution des matières organiques ou minérales, et à leur transformation en composés assimilables par les plantes, et qui passent dans la sève. Ils sont l'assaisonnement indispensable de tout engrais complet.

Ces sels alcalins se trouvent généralement en assez grande abondance dans le sol; la potasse surtout domine dans les argiles. La soude et la magnésie n'abondent que dans les terrains voisins de la mer, ou qui ont été couverts par l'eau salée.

Le phosphate ne se rencontre en quantité que dans les os des animaux dont il constitue la charpente; et on le trouve à l'état fossile dans les terrains où sont accumulés les débris des générations animales antédiluviennes. Les plantes ne l'absorbent point à l'état de phosphate, mais à celui d'acide phosphorique, après qu'il a été attaqué par un acide et transformé en superphosphate de chaux.

Quant à l'azote, sa principale source est dans les débris et les déjections des êtres vivants, chairs, urines, laines, poils, cornes, etc., Les plantes l'absorbent à l'état de carbonate d'ammoniaque, et il se transforme en cet état sous l'influence de la fermentation qui se fait dans les fumiers ou des réactions qui s'opèrent dans le sol.

Voilà les éléments essentiels de la constitution des végétaux; et ils sont répartis d'une manière inégale dans les différents terrains. Chaque nouvelle récolte emprunte une partie de la réserve qui existe dans le sol; et l'apport des fumiers faits avec les débris de ces récoltes ne constitue qu'une restitution absolument insuffisante.

En effet, les produits que la ferme exporte, blé, lait, viande, etc., etc., enlèvent sans retour une partie des éléments que nous venons d'indiquer, et principalement le phosphate qui est celui dont les terres s'épuisent le plus vite et qu'il est le plus important de restituer à mesure.

C'est à l'épuisement des phosphates qu'est due la stérilité des contrées de l'Afrique et de l'Asie Mineure qui étaient autrefois les greniers d'approvisionnement du monde romain.

Il est donc absolument nécessaire de restituer au sol l'azote, l'acide phosphorique et les sels alcalins que les récoltes lui enlèvent ; et il est possible d'évaluer et de régler la quotité de cette restitution.

Ce n'est qu'après de patientes recherches et des essais sans nombre que les savants sont parvenus à apprécier le prorata d'épuisement causé par chaque nature de récolte, et la proportion de principes utiles contenus dans une quantité donnée de fumier ordinaire, et à déterminer la composition et la quantité d'engrais auxiliaire qu'il faut ajouter au fumier pour rendre au sol tout ce qu'il a perdu.

Il est établi de la façon la plus certaine que, si l'on ne rend à la terre que les fumiers produits par l'ensemble des pailles et fourrages de la ferme, cela ne suffit pas à maintenir la fertilité ; et qu'il est indispensable d'ajouter aux fumiers une proportion quelconque des agents chimiques que nous citions plus haut, principalement l'azote et l'acide phosphorique.

Ce n'est pas ici le lieu d'entrer dans les séries de calculs qui seraient nécessaires pour déterminer les bases de la restitution, bases variables suivant les systèmes de culture. Pour notre circonscription il suffira de poser des indications générales et approximatives, qui s'appliqueront spécialement aux récoltes de céréales, ou de plantes commerciales, colzas, betteraves, etc.

Etant donné qu'on puisse mettre, tous les 3 ou 4 ans, une fumure de 30 ou 40 mille kilos de fumier par hectare, il est indispensable d'y ajouter annuellement, avant le labour, sous forme d'engrais pulvérulent, l'équivalent de 20 à 25 kilogrammes d'azote et de 15 à 20 kilogrammes d'acide phosphorique.

Ce complément annuel de 20 à 25 kil. d'azote peut être obtenu par l'emploi de :

300 k. de laine ou chiffons déchiquetés, valeur 40 francs ;

Ou de 120 k. de sulfate d'ammoniaque coûtant environ 53 francs ;

Ou de 150 k. de nitrate de soude, coût environ 64 francs ;

Ou de 3 à 400 k. de tourteaux de colza, coût moyen, 68 francs.

Les 15 à 20 kil. d'acide phosphorique à ajouter seraient obtenus par l'emploi de :

120 à 140 kil. de superphosphate de chaux (à 13 % d'acide phosphorique), valeur moyenne, 20 francs.

Ce complément de restitution entraînerait donc une dépense moyenne de 60 à 80 fr. par hectare et par an, dépense modeste, en somme.

Nous disons que cet engrais auxiliaire ou complémentaire doit être ajouté annuellement à chaque récolte de céréales ou de plantes commerciales, et non pas donné, comme le fumier, d'un seul coup et en masse pour plusieurs années ; nous allons exposer la raison de cette différence.

Supposons qu'un homme consomme 10 grammes de sel par jour : si on lui faisait absorber en 24 heures les 70 grammes dont il a besoin pour une semaine, son alimentation serait mal équilibrée et incomplète ; l'excès de sel ingéré le premier jour ne l'empêcherait pas de souffrir de la privation de ce condiment les jours suivants.

Si de même nous donnons en une fois toute la ration d'azote qui doit servir à plusieurs récoltes, les plantes de la première année peuvent s'en gorger, et être de mauvaise qualité. C'est ce qui arrive aux betteraves venues dans un excès d'engrais azotés, tels que parcages, nitrates, etc.

Cependant, comme nous l'avons dit, l'excès de phosphate ne peut pas nuire ; il offre même le seul moyen de corriger la surabondance d'azote et d'équilibrer l'alimentation de la plante.

Mais en donnant au sol, chaque année,
la proportion voulue d'engrais chimique
complémentaire on évite l'inconvénient
que nous venons de dire, et aussi les
pertes d'engrais par l'action des eaux ou
par d'autres causes, et la perte d'intérêt sur
des avances faites pour plusieurs années.
En outre on obtient des récoltes plus
régulières, et un effet beaucoup plus
certain en réveillant chaque année l'action
végétative par un nouvel apport de
principes fertilisants.

Chacun sait qu'il ne peut pas en être
de même pour le fumier, qu'il n'est pas
possible de le répartir de manière à donner
à chaque récolte sa part annuelle, et qu'on
est forcé de mettre en une fois tout le
fumier qui doit servir à plusieurs récoltes
successives. Cette nécessité nous paraît
être une raison de plus pour donner les
engrais auxiliaires à mesure, et chaque
campagne.

Nous avons indiqué plus haut quelques-
unes des principales sources auxquelles
on peut demander l'azote ; mais il est
bon d'ajouter qu'il doit se payer à des
prix différents, selon qu'il est à un état
plus ou moins soluble et assimilable.
Ainsi, l'azote ammoniacal, tel qu'il se
trouve dans le sulfate d'ammoniaque,
peut s'évaluer 2 fr. 50 le kilogramme ;
l'azote nitrique, tel que nous l'offre le
nitrate de soude vaut au moins autant ;

mais les chimistes n'estiment qu'à 1 fr. 25 environ et même moins l'azote organique tel qu'on le rencontre dans les chiffons de laine, les cuirs, etc.

Quant au phosphate, son action serait absolument nulle s'il n'avait pas été traité par l'acide sulfurique et transformé en superphosphate, préparation qui a pour effet de rendre l'acide phosphorique soluble.

Le phosphate fossile ne diffère du phosphate d'os que par la proportion d'acide phosphorique, et on peut se servir indifféramment de l'un ou de l'autre pourvu qu'on ne le paie que sur le titre d'acide phosphorique, lequel vaut en moyenne 0 fr. 85 c. le kilo.

Si aux matières azotées et phosphatées indiquées ci-dessus on ajoutait de la potasse (dont nous n'avons guère parlé parce qu'elle abonde en général dans les sols de notre région) on réunirait tous les éléments du fameux engrais chimique complet de M. Georges Ville.

Une expérience prolongée n'a fait que confirmer le bien fondé de la théorie de ce savant, à qui l'on ne pouvait reprocher que sa prétention de se passer absolument du fumier de ferme. L'association du fumier avec les engrais auxiliaires assure le maintien de la richesse en humus du sol, que l'emploi exclusif des engrais chimiques finirait par épuiser.

La vente des engrais composés a donné lieu aux fraudes les plus odieuses, au détriment des agriculteurs, et surtout au détriment du progrès agricole. Il est facile de se soustraire à ces fraudes en n'achetant que des matières de composition constante comme le sulfate d'ammoniaque, le nitrate de soude, les tourteaux, les déchets de laine, les superphosphates, les sels de potasse, etc., et en faisant soi-même les mélanges. On ne saurait trop recommander aux cultivateurs de s'entourer de renseignements sur l'honorabilité des maisons auxquelles ils achètent des engrais et de n'acheter que sur titrage garanti, et en se réservant le droit de vérification par analyse chimique

# 8e Causerie

---

### Les semailles.

Il y a 25 ou 30 ans, c'était une grosse question, en culture, de savoir quel mode d'ensemencement on devait préférer, le semis à la volée ou le semis en lignes.

Il s'est dépensé bien de l'encre à ce sujet, et les partisans ou les adversaires de chaque système ne manquaient pas d'arguments pour soutenir leur manière de voir. On trouve toujours des raisonnements pour défendre même les causes perdues d'avance.

L'expérience a prononcé, et le principe de la semaille en lignes a prévalu. Nous n'oserions pas dire encore qu'il soit le plus généralement employé; mais, on ne conteste plus qu'il soit le meilleur, quand il est bien appliqué.

Ses avantages reconnus sont:

De procurer une notable économie de semence;

De distribuer la semence avec régularité;

De la loger en terre à une même profondeur;

D'offrir un plus libre accès à l'air autour des plantes ;

De permettre ainsi au sol de se ressuyer et de s'échauffer plus facilement ;

De faciliter les sarclages et la destruction des herbes parasites ;

De ménager ainsi la fertilité du sol pour les plantes cultivées ;

De faciliter le tallage des céréales ;

De donner aux tiges un développement plus égal, plus vigoureux, et plus de résistance à la verse ;

Enfin, de procurer un notable accroissement de production.

Notre intention n'est pas d'entrer dans l'exposé complet de cette question, et de faire la démonstration des divers titres de supériorité que nous attribuons au semis en lignes. Nous voulons nous borner dans cette causerie à insister sur quelques-uns des points les plus importants.

Le premier qui nous frappe est que le semoir mécanique place toute la graine à une profondeur égale et toujours à la profondeur voulue, quand l'instrument est bon et bien conduit, tandis que la graine semée à la volée et recouverte par l'extirpateur, le binot ou la herse est toujours enterrée de la façon la plus inégale. C'est un défaut capital dont nous allons faire saisir les fâcheux effets en empruntant à M. de Gasparin (traité d'agriculture) les résultats d'une très intéressante expérience faite à ce sujet.

Dans une terre bien homogène en qualité, on a marqué 13 lots dans chacun desquels on a placé 150 grains de blé à des profondeurs différentes, variant de $0^m$ à $0^m$ 16 c., et les résultats obtenus sont consignés dans le tableaux suivant:

| NUMÉROS des PLANCHES | PROFONDEUR en MILLIMETRES | GRAINS LEVÉS SUR 150 | NOMBRE D'ÉPIS PAR PLANCHE | GRAINS RÉCOLTÉS PAR PLANCHE | MOYENNE DE GRAINS PAR ÉPI |
|---|---|---|---|---|---|
| 1 | $0^m$160$^{mm}$ | 5 | 53 | 682 | 13 |
| 2 | 0 150 | 14 | 140 | 2,520 | 18 |
| 3 | 0 135 | 20 | 174 | 3,818 | 22 |
| 4 | 0 120 | 40 | 401 | 8,000 | 20 |
| 5 | 0 110 | 72 | 700 | 16,560 | 23 |
| 6 | 0 095 | 93 | 992 | 18,534 | 18 |
| 7 | 0 080 | 125 | 1,417 | 35,434 | 25 |
| 8 | 0 065 | 130 | 1,560 | 34,339 | 22 |
| 9 | 0 050 | 140 | 1,590 | 36,480 | 22 |
| 10 | 0 040 | 142 | 1,660 | 35,825 | 21 |
| 11 | 0 025 | 137 | 1,461 | 35,072 | 24 |
| 12 | 0 010 | 64 | 529 | 10,587 | 20 |
| 13 | 0 000 | 20 | 107 | 1,600 | 15 |

Ce tableau donne, de la manière la plus frappante, la démonstration que c'est entre 2 1/2 et 8 centimètres de profondeur, soit à la moyenne de 0ᵐ 05, qu'il faut loger les grains de blé, et qu'au-dessus comme au-dessous de cette limite les résultats décroissent avec une rapidité effrayante. Aucun raisonnement ne peut égaler le langage de ces chiffres et ils doivent être considérés comme la condamnation absolue du mode d'ensemencement à la surface du sol, avec recouvrement à l'extirpateur, au binot ou à la herse.

Un deuxième point que nous voulons mettre en lumière est l'économie de semence qui résulte nécessairement de cette distribution plus régulière, et de cet enfouissement plus égal. On ne se rend pas compte de la quantité de grains de semence qui sont ramassés à la surface du terrain par les oiseaux, ou dont la plante déchaussée par l'hiver ne peut maintenir sa tige droite faute de point d'appui, ou de ceux qui périssent étouffés dans les couches inférieures. En beaucoup de contrées de la France on emploie, en semant à la volée, 3 hectolitres au moins de blé par hectare, tandis qu'au semoir il suffit en général de 1 hect. 25 à 1 hect. 50, ce qui donne plus d'un hectolitre d'économie par hectare.

La généralisation de l'emploi du semoir

en lignes pourrait donc permettre de réaliser, sur les 7 millions d'hectares que la France sème en blé annuellement une économie d'au moins huit millions d'hectolitres, et en appliquant le même procédé aux huit millions d'hectares de céréales secondaires, seigle, orge, avoine, maïs, et de légumineuses, fèves, vesces, cultivées pour leur graine, on trouverait une économie totale de semences dont la valeur dépasserait largement 300 millions de francs chaque année.

Voilà donc un résultat considérable que le pays peut retirer de l'usage d'un mode d'ensemencement perfectionné; mais ce résultat n'est pas le seul, et il n'est pas le plus important.

Il est bien établi par l'expérience que lorsqu'on ne dépasse pas la juste proportion de semence exigée par la nature du terrain, les récoltes en lignes prennent un développement plus vigoureux. Leur espacement régulier permet de les débarrasser à peu de frais des herbes parasites. Celles-ci non-seulement dévorent l'engrais, mais entretiennent autour du pied des plantes un ombrage malsain qui contribue à les étioler et à les faire verser. La disposition en lignes espacées fait que l'air circule plus facilement autour des plantes, que le sol se ressuie plus vite et s'échauffe davantage surtout quand les

lignes sont bien orientées On constate
que les céréales en lignes tallent davantage, ont des tiges plus raides, et
finalement des épis plus forts et mieux
garnis. Aussi estime-t-on généralement
leur rendement en grains à un cinquième
en plus, ce qui appliqué à l'ensemble de
la production du blé en France, représente un supplément annuel de plus de
vingt millions d'hectolitres, ou une valeur
de 400 millions de francs. Si l'on ajoute
à ce chiffre le supplément que la culture
en lignes donnerait sur les huit millions
d'hectares de céréales secondaires et
autres plantes indiquées plus haut, et le
montant des économies de semences que
nous avons chiffrées, on arrive à un total
qui peut dépasser un millard annuellement, et qui, en tous cas, donne à la
prorogation de cette méthode d'ensemencement l'importance d'un intérêt public
de premier ordre.

Des esprits timides ou superficiels,
habitués aux maigres résultats des cultures routinières, pourront considérer
ces calculs comme fantastiques; mais
s'ils veulent se donner la peine de
procéder à des expériences comparatives
faites avec soin, ils ne tarderont pas à
acquérir la conviction qu'il n'y a rien de
téméraire ni d'exagéré dans les appré-
ciations et les déductions ci-dessus. Nous
pouvons ajouter que, de toutes les données

établies plus haut il n'en est aucune que le raisonnement ne justifie, aucune qui ne soit en complet accord avec les lois naturelles de la végétation, en outre avec les indications du bon sens, et, qui plus est, avec les résultats que la pratique a permis de constater depuis 20 à 30 ans sur tous les points de la France.

Le mode d'ensemencement que nous préconisons mérite encore d'attirer l'attention par un autre côté qui présente un intérêt capital pour notre région. On sait qu'il permet la destruction rapide et à peu de frais des herbes parasites qui, depuis la suppression de la jachère, se sont tellement multipliées dans nos terres quelles épuisent le sol, amoindrissent toujours et quelquefois étouffent complétement les récoltes.

Mais ce côté de la question nous paraît digne d'un examen à part, et nous nous réservons d'en faire l'objet de la prochaine causerie.

# 9e Causerie

---

**Les herbes parasites.**

Il n'est pas un de nos lecteurs qui n'ait par milliers de fois entendu dire et répéter que toute mauvaise herbe est gourmande, et que si on la laisse se développer, elle étouffe le bon grain, c'est-à-dire la plante que l'on veut cultiver.

Entre tous les axiomes qu'a formulés la sagesse des nations, il n'en est pas de plus vrai que celui-là, ni dont le cultivateur doive se préoccuper davantage.

Qu'est-ce que la mauvaise herbe? Hélas ! elle n'est pas unique, et elle peut s'appeler légion. Coquelicots, bluets, nielles, ivraies, renoncules, chiendents, laiterons, mourons, liserons, senés, raveluches, chardons, etc. etc., bornons-nous là, car si on voulait tout dénommer on ferait un livre. C'est donc toute une légion, une véritable armée à laquelle le laboureur doit faire une guerre impitoyable, s'il veut réserver la place aux plantes cultivées ; et c'est une armée qui prélève chaque année sur les campagnes un tribut dont le chiffre serait effrayant, si on pouvait le connaître.

Est-il quelqu'un qui n'ait constaté, ne fût-ce que dans son jardin, la différence de couleur et de venue entre un carré de légumes ou l'herbe a été arrachée à mesure, et un autre qu'elle a envahi?

Est-il quelqu'un qui n'ait remarqué l'aspect étiolé, maladif, que conservent toujours les betteraves qui ont été, même pour un temps assez court, dominées par l'herbe? Ce fâcheux effet est moins appré- ciable à l'œil dans les céréales ; mais le mal n'y est pas moins grave, et c'est lors- qu'on coupe la récolte et qu'on soulève les gerbes qu'on reconnaît à leur légèreté l'effet qu'ont produit les plantes parasites.

Toutes ces plantes sauvages vivent aux dépens de l'engrais donné au sol, et au détriment de la récolte à qui elles dispu- tent la place et que parfois elles étouf- fent complétement. C'est pourquoi dans tous les pays de culture avancée, la des- truction des parasites est de règle abso- lue. Elle est le point de départ de toute pratique raisonnée. Nous regrettons d'avoir à dire que cette règle n'est malheu- reusement pas encore appliquée en Picardie, et si nous faisons une exception pour quelques cultures d'élite, la grande généralité de nos terres est dévorée par les plantes adventices.

On entend même encore parfois de

braves routiniers qui disent, en voyant
l'herbe envahir le terrain : Oh ! ce n'est
rien ; le blé, (ou l'avoine) prendra le
dessus. En effet, il vient toujours un
moment où les épis des céréales dépas-
sent la mauvaise herbe ; mais épis rares,
maigres, ne portant que peu de grains ;
et si les gerbes sont encore assez nombreuses, elles ne pèsent pas, et l'on n'a
plus que l'apparence, le fantôme d'une
récolte.

Que ceux qui hésitent à semer en lignes
et à faire la dépense du sarclage essaient
donc d'appliquer cette méthode à la moitié
d'un champ, en traitant l'autre moitié
par l'ancienne routine, et qu'ils pèsent
les deux moitiés de récolte séparément.
Ils auront bientôt acquis la conviction
que les herbes parasites leur coûtent
souvent plus cher que le fermage.

Il est certainement difficile de chiffrer
le dommage que peuvent causer les herbes
sauvages, attendu que leurs dévelop-
pements et leurs ravages varient suivant les
années. Tantôt c'est un semis tellement
envahi qu'il serait étouffé, et on est
forcé de le culbuter pour semer à nouveau ;
tantôt c'est une récolte dont le quart ou
la moitié est dévorée par l'herbe ; et si
l'on tient compte de la perte d'engrais et
de l'épuisement du sol par ces générations adventices, on est amené à supputer
que le préjudice moyen peut n'être pas

inférieur au coût du fermage, tandis que
le sixième ou le septième de cette somme
suffirait annuellement pour payer le
nettoyage des céréales semées en lignes.

En appliquant cette supputation aux
15 ou 16 millions d'hectares que la France
ensemence annuellement en céréales de
toute espèce et en plantes cultivées pour
leurs graines, on arrive à cette conclusion
que le tribut que les plantes parasites
prélèvent sur nos cultures représente des
sommes effrayantes.

Dira-t-on que c'est une exagération?
L'observateur qui, vers la fin du printemps, parcourt les belles plaines du
Santerre, et qui voit d'un côté des champs
tout rougis par la surelle ou l'oseille de
brebis, d'un autre les semis de mars
disparus sous le tapis jaune des senés,
ailleurs les blés étouffés sous l'étreinte
des raveluches, doit se demander ce que
l'on a semé là, ou ce que l'on entend
récolter dans de pareilles conditions. Il
est vrai que ce qui se remarque en Santerre
se remarque aussi ailleurs, et que si
nous visitions les blés de la Brie nous
les trouverions peut-être aussi infestés
de coquelicots que les nôtres le sont de
raveluches ; mais les fautes d'autrui
n'excusent pas les nôtres, et pour être
plus ou moins répandue l'erreur n'en est
pas moins blâmable.

Ne semble-t-il pas que le premier soin

du cultivateur doive être de réserver
exclusivement et le terrain et l'engrais
pour les végétaux qu'il désire récolter,
et de bannir les autres ? Un mode de faire
qui aboutit à récolter des herbes sauvages
au lieu de céréales paraît vraiment par
trop primitif et indigne de notre époque.

On ne doit considérer un système de
culture comme rationnel et complet
qu'autant qu'il peut assurer le maintien,
sinon l'accroissement, de la fertilité du
sol. Celui que suivent les cultivateurs
négligents, dont nous parlons, qui laissent
les plantes parasites épuiser leurs engrais
et affamer leurs récoltes, est en désaccord
absolu avec tous les principes.

Si on donnait à ces cultivateurs le
conseil de recourir à la jachère pour
débarrasser leurs terres des parasites qui
les ruinent, ils se révolteraient contre
cette idée rétrograde et croiraient qu'on
leur fait injure.

Cependant, il faut bien le reconnaître,
le régime des jachères était plus rationnel
que celui dont nous faisons la critique ; il
se maintenait par lui-même. L'année de
repos reconstituait en partie la fécondité
du sol par les principes fertilisants qu'apportent les agents atmosphériques, et
surtout en purgeant la terre de toutes
les graines de mauvaises herbes.

Le régime actuel de production continue
exige plus d'engrais, cela n'a pas besoin

d'être démontré ; mais il exige aussi que la terre soit régulièrement nettoyée et débarrassée des parasites à mesure qu'ils se montrent.

Ceux qui ont supprimé la jachère sans la remplacer par le nettoyage régulier des récoltes, ont donc fait un acte d'imprévoyance dont ils ne peuvent éviter les fâcheuses conséquences. On ne pourrait certainement pas citer une culture envahie par les herbes, qui donne des bénéfices à celui qui l'exploite.

Si les exigences croissantes de notre époque nous ont mis dans la nécessité d'abandonner un système facile et très économique qui a suffi pendant des milliers d'années aux besoins d'une population moins nombreuse, il faut au moins, tout en le laissant de côté, savoir reconnaître ce qu'il avait de rationnel, et chercher à réaliser par d'autres moyens le nettoyage des terres.

Le sarclage des plantes industrielles, revenant à intervalles de plusieurs années, ne suffit pas à assurer la propreté du sol ; et on n'obtient ce résultat d'une manière certaine qu'en sarclant régulièrement les céréales dont cette opération augmente d'ailleurs le produit et assure le succès.

Mais ce travail nécessite des bras, et nous entendons déjà ceux qui se plaignent que la culture en manque s'écrier :

où voulez-vous que nous trouvions des sarcleurs ?

A cette objection il y a deux réponses à faire : — la première, — que les semis en lignes bien exécutés peuvent être nettoyés passablement (nous ne dirons pas complétement) avec la houe à cheval dont il existe aujourd'hui de bons modèles aussi bien pour céréales que pour betteraves ; — la deuxième, — c'est que l'on s'exagère souvent la difficulté de se procurer des bras, que le sarclage des semis en ligne n'exige que de faibles efforts auxquels sont aptes les femmes, les enfants à peine sortis de l'école, et que l'un des moyens les plus efficaces de ramener les ouvriers à l'atelier agricole est d'abord d'occuper tous les membres de la famille surtout les plus jeunes en leur offrant un travail en rapport avec leurs forces, et ensuite de leur en procurer d'une manière moins intermittente.

On comprend, en effet, que l'ouvrier se détache des travanx des champs s'il n'en a pas pris l'habitude dès sa jeunesse, et s'il n'y doit trouver l'emploi de son temps que pendant la moisson, c'est-à-dire pendant deux mois de l'année, comme c'est le cas en beaucoup de localités.

Nous avons la conviction que si l'on se mettait en mesure de faire ce qui est nécessaire pour le nettoyage du sol, ou pour mieux dire, ce que l'intérêt du

cultivateur exige impérieusement, si l'on
sarclait les colzas en mars, les céréales
d'automne en avril, celles de printemps
et les pavots et betteraves.en mai et juin,
etc..., en un mot, si l'on procurait aux
ouvriers ruraux une occupation plus
prolongée et moins intermittente, on
verrait bientôt cesser ce que l'on appelle
l'émigration des campagnes.

Ajoutons, pour conclure, que le sarclage
des céréales en ligne est peu coûteux,
que sa dépense moyenne ne dépasse pas
dix francs par hectare quand on le pratique
régulièrement, et que si l'on s'aide de la
houe à cheval, il n'exige qu'un petit
nombre de bras.

# 10e Causerie

**Binages et sarclages. — Travaux de mai.**

Le mois de mai est la saison des sarclages, et il peut être utile de dire quelques mots de cette opération qui se pratique de façons bien différentes suivant les contrées.

Qu'il s'agisse de l'appliquer aux céréales ou aux plantes industrielles, le sarclage a un double but : ameublir la surface du sol pour accroître son action capillaire, et détruire les herbes parasites.

Le premier résultat est facile à obtenir dans les terres ensemencées au printemps ; mais pour celles qui l'ont été avant l'hiver, la houe à main ne parvient pas toujours à briser la surface encroûtée, et il est souvent nécessaire que le croskyll et la herse précèdent les sarcleurs.

Le sarclage des blés d'hiver ne peut produire tous ses bons effets qu'autant qu'il est appliqué de bonne heure, c'est-à-dire aussitôt que l'état du sol et de la plante le permet. Dans ce cas, il a pour conséquence, en ouvrant le sol à l'action

de l'air et du soleil, de provoquer et de
faciliter le tallage des plantes ; et, sans
un tallage vigoureux, il n'y a jamais de
pleines récoltes de blé. Appliqué tardivement, c'est-à-dire après le tallage, ou
quand les tiges commencent à vouloir se
former, le sarclage n'a plus d'autre portée
que de supprimer l'herbe ; il manque donc
une partie de ses effets.

On peut poser comme règle générale
et absolue, pour les plantes de toute
espèce, qu'on a toujours raison de
commencer les binages et sarclages tôt,
et de les pousser vivement quand le
temps le permet. Comme il faut toujours
compter avec les intempéries, il est
prudent de ne pas manquer l'occasion de
se mettre en avance. Pourvu que la
jeune plante puisse supporter le passage
de la houe sans être ébranlée ou recouverte, elle ne peut que profiter d'une
opération précoce qui active les fonctions
du sol autour d'elle, et qui, en la débar-
rassant d'un dangereux voisinage, tend à
lui réserver exclusivement l'air, l'espace
et le soleil. De même que pour former la
jeunesse, on a reconnu qu'on ne s'y prend
jamais trop tôt, et qu'il est plus aisé de
prévenir la formation de mauvaises habitudes que de les déraciner quand elles sont
établies, de même il faut veiller sur l'en-
fance des plantes, et les préserver de la mauvaise compagnie des herbes gourmandes.

Quand elle ne fait que naître, l'herbe parasite est facile à détruire ; il suffit que la houe la touche ; mais si vous vous laissez devancer, si vous attendez que le sené ou la raveluche ait lancé ses longues racines fibreuses, la lame de la houe ou de la rasette ne les coupe plus, ne fait plus que les trainer, et dans ces conditions l'herbe reprend toujours. Il suffit d'un filet de racine aussi mince qu'un cheveu pour alimenter la sève d'une grosse plante de sené ou de raveluche. Quand la saison des sarclages est humide et qu'on a laissé échapper l'occasion de trancher à temps l'herbe naissante, on est débordé et souvent il ne reste d'autre parti à prendre que de la faire arracher à la main et de la mettre en tas. Nous n'apprendrons à personne que les tas d'herbes empilés au milieu des champs sont regardés comme une mauvaise note, comme donnant une fâcheuse idée de la vigilance de l'exploitant.

Les ouvriers qui entreprennent les sarclages de betteraves à forfait commettent ordinairement la faute de faire trop rapidement leur premier passage, ne donnant qu'un coup de rasette par-ci par-là, et laissant la majeure partie de la surface du sol sans être remuée. Il en résulte que beaucoup d'herbes en voie de lever ne sont pas atteintes ; et cependant le moindre contact de l'outil suffit à

détruire la plante qui lève. Mais quand
on revient sur le même champ dix ou
quinze jours plus tard, on trouve toute la
surface envahie par des herbes qui
peuvent déjà résister au tranchant de la
lame.

Les houes à cheval rendent, sous ce
rapport, un très grand service parce
qu'elles permettent d'aller vite, et de
multiplier les opérations en profitant de
tous les moments propices.

Les opérations de binage, qu'elles se
fassent à la houe à main ou à la houe à
cheval, ne doivent être en général que
superficielles. Si l'on remue une forte
couche de terre, l'herbe est traînée et
n'est pas toujours détruite; en outre on
s'expose à atteindre les racines des
plantes cultivées, comme le chevelu des
betteraves qui s'étend loin et assez près
de la surface du sol. A ce point de vue,
des expériences nombreuses ont démontré
qu'un simple grattage fait fréquemment
avec un rateau, à 2 ou 3 centimètres de
profondeur, suffit pour entretenir la
capillarité du sol, faciliter l'action des
influences météoriques et maintenir la
végétation dans un état régulier et
vigoureux.

L'essentiel est de rouvrir la surface
du sol chaque fois qu'elle a été resserrée
par la pluie, et de ne pas laisser s'y
former de croûte. Les houes à cheval

exécutent cette besogne aussi vite que parfaitement.

La houe à la main, ou rasette, qui sert principalement au placement des œillettes, des betteraves, etc., se manœuvre de façon différente suivant les contrées. Dans le Nord, cet instrument est muni d'un manche très court qui impose à l'ouvrier l'obligation de se baisser fortement, position fatigante, mais qui lui permet de manœuvrer son outil avec plus d'énergie, de précision et de sûreté. Les longs manches de nos rasettes picardes laissent au sarcleur la faculté de travailler sans presque se courber ; mais à raison même de la longueur du levier, il manœuvre son outil plus lentement, et avec beaucoup moins de précision. Le remplacement des rasettes picardes par les rasettes flamandes nous paraît une réforme urgente à opérer.

Quant aux houes à cheval, quoique d'invention assez récente, elles sont partout appliquées avec succès au nettoyage des plantes qui se cultivent à larges intervalles comme la betterave. Ce n'est encore qu'exceptionnellement qu'on les emploie pour les céréales semées en lignes plus rapprochées. Mais il n'y a pas de difficultés sérieuses à ce que cet emploi devienne plus général, et il est désirable

6

qu'il se répande dans tous les pays où la main-d'œuvre fait défaut.

Il est des parasites dont on ne se débarrasse ni avec la rasette ni avec la houe à cheval, et pour la suppression desquels il faut recourir à d'autres moyens. Par exemple, le marnage et l'emploi de la chaux ont eu pour effet de purger les terres de certaines plantes très envahissantes qui autrefois compromettaient les récoltes. Ces amendements ont suffi à amener la disparition du vesceron qui abat les blés absolument comme la vesce d'automne ou hivernage abat le seigle, et de la centinode (ou salèche) qui couvre le sol comme une véritable toison, et qui oblige parfois à couper le blé à 0ᵐ 50 du sol.

Il y a un autre petit parasite bien incommode qui ne se plaît que dans les terres fraîches et riches en engrais. C'est le mouron, qui se développe et fructifie avec une rapidité effrayante, dans un terrain d'élection. Il charge et entrave les houes à cheval et on en est réduit à le faire ramasser à la main.

Nous ne terminerons pas cette causerie sans dire quelques mots du chiendent, le fléau des cultures négligées, et contre lequel la houe et la rasette sont impuissantes. Comme toutes les plantes de la famille des graminées, le chiendent aime les sols fermes, et ses racines se ramifient et s'étendent d'autant plus que le sol est mieux rappuyé. Mathieu de Dombasle qui avait eu occasion de lutter contre ce redoutable ennemi, affirmait que sa destruction complète est fondée sur ce seul principe que « le chiendent ne peut « subsister et périt infailliblement dans un « sol bien ameubli, et que l'on tient cons- « tamment meuble pendant deux ou trois « mois dans la saison sèche de l'année. »

Pour atteindre ce but, il conseillait de chercher à obtenir l'ameublissement du sol le plus tôt possible au printemps, par de bons labours exécutés en temps sec sur une terre fortement ressuyée, en ayant soin de laisser les bandes de labour avec leurs arêtes, et soulevées et entrouvertes comme la charrue les a versées, et en se gardant bien de rappuyer le sol soit avec la herse soit avec le rouleau, excepté à la veille d'un nouveau labour et pour procurer l'aplomb de la charrue. Le succès de l'opération ne peut être bien assuré que par une saison sèche, et il dépend, selon Mathieu de Dombasle, du soin que l'on apporte à choisir le temps propice pour les labours successifs ; et ce savant praticien n'hésitait pas à dire que, si l'on est favorisé par un printemps sec, la destruction du chiendent peut s'accomplir assez vite pour que dès le mois de juin on puisse ensemencer la terre nettoyée.

En un mot, c'est par la jachère et une jachère conduite avec intelligence, qu'on se débarrasse du chiendent.

# 11e Causerie

---

## Les travaux de mai.

Nous l'avons dit, et le répétons :

Le mois de mai est la saison des sarclages. C'est aussi l'époque de la lune rousse et des trois saints de glace, terreur des cultivateurs et surtout des jardiniers et des vignerons.

Le retour de froid qui gâte souvent pour nous ce beau mois, s'était produit bien avant l'éphéméride des trois saints en question (11, 12 et 13 mai), et ne s'est pas arrêté là. Les apparences de la récolte de 1881 restent bonnes; mais il est grand temps qu'une température plus douce vienne transformer les espérances en réalités.

Si donc ce mois n'est pas ordinairement une époque de grands travaux pour les attelages, ce n'en est pas moins une époque pleine de soucis pour le cultivateur qui a souvent à se plaindre, soit de la sécheresse qui entrave la levée des jeunes plantes, soit du froid qui arrête tout.

Il n'y a pas de mal sans quelque compensation. Le temps sec et froid

facilite la destruction des mauvaises
herbes, et il faut savoir en profiter.

En causant de la nécessité de tenir les
terres propres, nous parlions dernièrement
de la jachère comme du moyen de nettoyage
le plus énergique. Mais la jachère qui a
sa raison d'être dans des pays pauvres et
à population clairsemée, serait dans notre
état présent un système ruineux. Nos
charges ne nous laissent plus le loisir
d'accorder du repos à la terre.

Nous devons donc cultiver les plantes
qui permettent de nettoyer le sol pendant
leur croissance ; et la betterave est celle
qui procure le plus efficacement ce
résultat, et qui en même temps constitue
le meilleur précédent pour le blé.

La betterave joue d'ailleurs un rôle si
considérable dans l'économie rurale de
notre région, que ce n'est pas trop de
lui consacrer une causerie, dût-on ne faire
que répéter des choses connues.

Ce n'est pas trop dire que d'affirmer
que la culture de cette racine a changé
tout le système agricole de notre pays.
N'est-ce pas à son introduction que nous
devons une meilleure combinaison d'assolements, l'extension des cultures sarclées
et de l'usage des instruments perfectionnés
l'accroissement de l'emploi des engrais
auxiliaires, la pratique de l'engraissement
du bétail, et ce qui résume et explique
tout, une circulation plus active du

capital dans nos villages? Aucune récolte
ne donne des recettes égales à celles de
la betterave, et c'est aussi elle qui
supporte le mieux les chances des mauvaises années et qui donne les résultats
les moins variables.

Malheureusement, comme l'abus naît
toujours à côté de l'usage, l'extension
irréfléchie de cette culture a conduit à
certaines fâcheuses conséquences sur deux
desquelles nous nous arrêterons un instant.

La première est que les bénéfices
considérables donnés d'abord par la
betterave quand le haut prix des sucres
poussait les fabricants à surpayer la
matière première, ont provoqué une trop
grande concurrence entre les fermiers et
une élévation trop rapide et inconsidérée
de la valeur vénale et du loyer de la terre.
Cette élévation subite et en bien des cas
exagérée est certainement l'une des causes
du malaise dont souffre aujourd'hui l'agriculture. On a cru que les hauts prix
dureraient toujours, et quand, pour des
causes diverses, la betterave a été moins
recherchée, le taux des fermages fixé
pour de longues périodes ne pouvait pas
se réduire, et l'exploitant s'est trouvé
dans la gêne.

La deuxième conséquence est que le
retour trop fréquent de cette culture sur
les mêmes terres, l'emploi des engrais en
quantités croissantes et le mauvais choix

des graines ont amené la diminution de
richesse de la plante, que l'avenir de la
sucrerie française est aujourd'hui compromis par le défaut de qualité de la
matière première qu'elle travaille, et que
le contre-coup de cette souffrance de
l'industrie réagit sur l'agriculture.

Les maux de cette nature ne se guérissent
qu'à la longue et par leur excès même.
La hausse irréfléchie des fermages est
arrêtée, et leur taux tend à revenir petit
à petit à un niveau plus normal, c'est-à-dire
à un niveau en rapport avec les conditions
présentes et les profits possibles de la
culture.

Quant à l'autre conséquence, la diminution progressive de la qualité des
betteraves, s'il était impossible d'y remédier, elle entraînerait à bref délai la
suppression absolue de l'industrie sucrière
en France. Cette affirmation peut paraître
hasardée ; mais pour la justifier il suffit
de citer les documents officiels qui
établissent que la betterave rend environ
10°/₀ de sucre en Allemagne et en Autriche,
pendant que celle de France n'en donne
plus que 5 °/₀. Comme le cours des sucres
est nivelé par l'effet de la concurrence
sur tous les marchés du monde, on
comprend que celui qui produit dans de
pareilles conditions d'infériorité soit
condamné à disparaître.

L'amélioration de la qualité de la

betterave en France est donc une question
de vie ou de mort pour l'industrie sucrière,
et comme sa ruine serait un désastre pour
l'agriculture de notre région, celle-ci a tout
intérêt à s'empresser de suivre l'exemple
de l'agriculture allemande et autrichienne.

Beaucoup de cultivateurs se sont refusés
jusqu'ici à semer les variétés riches en
sucre que la sucrerie leur recommande,
et ils fondent leur résistance sur les
motifs suivants :

1° Que la culture des betteraves riches
est plus difficile et plus coûteuse ;

2° Qu'elle épuise davantage le sol ;

3° Qu'elle donne de moindres produits.

Il importe d'apprécier ces raisons à
leur véritable valeur.

La première objection se réduit à ceci
que la betterave riche, ordinairement
plus pivotante et plus racineuse que
l'autre, est plus difficile à arracher et à
nettoyer. Le fait n'est pas douteux ; mais
il se réduit en définitive à un surcroît de
dépenses de quelques francs par hectare,
et c'est tout. Il n'y a pas là un obstacle
sérieux.

La deuxième consiste à dire que la
betterave riche épuise davantage la terre.
L'expérience pratique avait déjà permis
de supposer le contraire avant que la
science, par l'analyse des plantes, fût
venue démontrer que les betteraves très
riches ne renferment presque pas de sels

d'origine minérale, tandis que celles qui sont pauvres en sucre sont chargés de ces principes minéraux qui sont la base de la fertilité des sols. C'est une chose bien établie maintenant, et hors de discussion.

Quant à la troisième objection, — que la betterave riche donne un moindre rendement en poids à l'hectare —, celle-là est certainement fondée ; mais toute la question se réduit à compenser le déficit du poids par l'excédant du prix.

Cette compensation est légitime, elle est indispensable, et les fabricants qui ne l'offrent pas à leurs fournisseurs travaillent contre leur propre intérêt.

Il y a de quoi s'étonner que l'on ait tant tardé à reconnaître que, comme toute autre marchandise, la betterave doit être payée différemment suivant qu'elle est de qualité différente ; et qu'il ait fallu des années d'hésitation, et de discussions plus ou moins passionnées, pour en venir à faire accueillir l'application d'une idée aussi simple et aussi juste.

Si les cultivateurs montrent encore aujourd'hui quelque hésitation à entrer dans cette voie nouvelle, il faut reconnaître que les premiers torts ne sont pas de leur côté, et que ce sont les fabricants qui, en acceptant indifféremment la bonne et la mauvaise betterave aux mêmes conditions, les ont poussés à n'en plus faire que de médiocres.

Il y a même encore, après tant de dures leçons que ceux-ci ont reçues, un assez grand nombre de fabricants qui repoussent l'achat à prix proportionnel à la richesse, et qui, tout en exigeant un minimum de teneur saccharine, voudraient ne pas payer l'excédant de qualité.

Certains, en effet, savent se tailler la part du lion, et imposer aux racines pauvres des tares ou des réfactions extraordinaires qui compensent et au-delà leur médiocrité.

Mais cette manière de se faire son lot n'est pas encore admise par nos codes, et il est même étonnant qu'elle n'ait pas entraîné plus de désagréments pour ceux qui la pratiquent.

Il est bon de dire tout de suite que ces procédés arbitraires tendent de plus en plus à disparaître, et que la mauvaise qualité des betteraves de 1880 ayant mis le comble à cette fâcheuse situation, il y a comme une sorte d'unanimité dans les deux camps pour dire qu'il est de l'intérêt de tous de ne semer que des variétés de betteraves riches en sucre, à la condition qu'elles soient payées proportionnellement à leur richesse.

Après avoir eu longtemps pour unique objectif les gros rendements en poids, la culture apprécie bien aujourd'hui le danger de la situation, et elle finit par reconnaître qu'il est plus avantageux pour elle d'avoir à l'hectare 40 mille kilos de bonnes betteraves valant 25 francs le mille, que d'en récolter 50 mille ne valant que 20 francs ou même moins.

Il reste à dire sur cette question et ce sera l'objet d'une autre causerie.

# 12e Causerie

---

### Encore la betterave.

Ceux qui veulent bien nous lire nous pardonneront d'insister sur un sujet qui nous semble (tout au moins pour la Picardie et pour le Nord) dominer toutes les autres questions agricoles. En effet, il n'y a eu jusqu'ici que la betterave qui ait pu utilement remplacer la jachère comme moyen de nettoyage et surtout comme précédent avantageux pour le blé.

Quand on interroge les hommes déjà avancés en âge qui ont pu observer par eux-mêmes l'état de la culture du pays avant que la betterave prît une si grande place dans les assolements, ils reconnaissent que les récoltes dites sarclées, par lesquelles on remplaçait l'année de repos, salissaient la terre. Le colza, le pavot, les fèves, etc., laissaient après eux les semences d'une infinité de parasites ; et ces plantes avaient en outre l'inconvénient de constituer une médiocre préparation pour le blé qui devait leur succéder. Il y a entre certaines natures

de récoltes des sortes d'affinités ou
d'antipathies que l'expérience indique et
que la science n'explique pas encore
complétement, et dont il faut tenir grand
compte dans l'ordre de succession des
cultures. Ainsi, après le colza, les blés
restent souvent inégaux ou médiocres ;
après féverolles, ils sont généralement
d'une végétation molle et disposés à la
verse, et leur rendement en grains n'égale
jamais celui des blés succédant aux
betteraves.

Il ne manque pas de cultivateurs qui
déclarent qu'avant d'avoir connu tous les
bons effets de la betterave, ils ne savaient
pas bien tout ce que peut donner une
pleine récolte de blé à paille ferme et à
épis lourds. Nous ne nous arrêterons pas
à apprécier ces différences qui ont été
souvent traduites en chiffres dans les
tableaux de statistique ; nous n'insisterons
pas non plus sur les autres avantages
d'une culture qui joint au mérite de
procurer une bonne recette en espèce
celui de fournir encore par ses résidus
(feuilles et pulpes) une quantité importante de vivres pour le bétail ; mais,
tenant compte de ces divers points, nous
dirons que l'introduction de la betterave
à sucre a été une bonne fortune pour
nos contrées, et que c'est une poule aux
œufs d'or que nous devons ménager
précieusement.

On ne peut donc se défendre d'un profond sentiment de tristesse en voyant que l'avenir de cette culture est compromis en France pendant qu'elle fleurit et se multiplie autour de nos frontières, et en constatant que la production allemande a doublé et que celle d'Autriche a triplé dans le cours des sept dernières années pendant que la nôtre allait en décroissant. Notre pays, qui se passionne souvent pour des fantaisies sans portée possible sur le bien-être des populations, devrait bien réserver pour des intérêts de l'importance de celui que nous signalons un peu de cette grande ardeur dont il est quelquefois transporté. Avons-nous quelque autre intérêt plus pressant, dans l'ordre matériel, que de développer nos industries agricoles, d'assurer tous les besoins de la consommation, et, en répandant l'aisance dans les campagnes, d'y ouvrir un plus large débouché aux produits de nos manufactures ?

Mais on préfère aller chercher à grands frais des consommateurs au dehors, et on oublie que la seule politique sage et sûre, en fait de relations internationales, est celle qui se borne à écrire sur les poteaux de la frontière : ÉGALITÉ DE TRAITEMENT, RÉCIPROCITÉ.

Revenons à la culture de la betterave à laquelle il importe de rendre sa prospérité passée. Il est du devoir du Gouvernement.

et c'est même un devoir urgent, de chercher à annuler l'effet des primes d'exportation au moyen desquelles nos voisins de l'Est font à notre sucrerie indigène une concurrence mortelle. Mais il faut aussi que, sans toujours compter sur le Gouvernement, nous nous habituions à nous aider nous-mêmes, et que producteurs et fabricants s'entendent pour améliorer la matière première afin d'abaisser le prix de revient des produits.

On a conseillé depuis longtemps aux fabricants d'intéresser la culture à faire des betteraves riches en les achetant d'après leur teneur en sucre. Cette proposition a, comme toute chose nouvelle, provoqué dès l'abord un sentiment d'opposition ou de défiance chez les uns et chez les autres. Nombre de fabricants voulaient bien avoir des betteraves plus riches, mais sans surpayer l'excédant de richesse. De leur côté, les cultivateurs étaient prévenus contre les variétés de betteraves améliorées qu'on leur recommandait sans même les bien connaître, et qui, il faut le dire, ne justifiaient que trop la méfiance dont elles étaient l'objet. Ainsi on voulait leur imposer des variétés non acclimatées qui ne donnaient que d'affreux chicots hérissés de racines. Peu à peu, la pratique a modifié cet état des choses. On a reconnu qu'on pouvait, en se tenant à juste distance des extrêmes,

satisfaire les deux parties, et on est
parvenu à se procurer des variétés de
graines qui concilient les deux intérêts.
On a surtout reconnu que la même variété
ne convient pas à tous les sols, et que
les racines qui sont d'une belle venue
dans des sols sablonneux peuvent venir
difformes dans des sols argileux. Le mot
final de cette question est que chacun doit.
chercher, par tâtonnements, par des
essais répétés, la ou les variétés qui
conviennent le mieux aux divers terrains
qu'il exploite ; et qu'il est nécessaire de
faire sa graine soi-même pour se mettre
à l'abri des tromperies des marchands.

Un point capital restait à résoudre :
trouver le moyen d'apprécier exactement
la richesse relative des racines pour en
fixer le prix au prorata. Les cultivateurs
déjà exposés à être taillés à propos de la
tare, craignaient de l'être plus encore
dans la reconnaissance de la qualité.
Cependant l'usage du densimètre est si
facile et si exact qu'ils se sont bien vite
familiarisés avec cet instrument, et que
ceux qui vendent à la densité savent
aujourd'hui parfaitement contrôler l'ap-
préciation faite à l'usine.

La prise de densité des jus est
susceptible de varier fréquemment dans
un même champ avec la même graine et
le même mode de culture, par suite de

7

causes diverses qui influencent la végétation, telles que la composition inégale
du sol, la répartition plus ou moins
régulière de l'engrais, l'exposition du
terrain, le voisinage des arbres, les
attaques des insectes, etc., enfin, par
suite de bien des causes particulières
dont la conséquence est qu'à côté d'une
plante saine et vigoureuse vous trouvez
une plante étiolée et malsaine sans que
vous puissiez toujours vous en expliquer
le pourquoi. Ces inégalités sont inévitables
et se rencontrent partout dans le règne
végétal aussi bien que dans le règne
animal. Prenez, par exemple, un groupe
de population quelconque, placé dans de
bonnes conditions de salubrité, à la
campagne, ayant les mêmes mœurs et
coutumes et une certaine uniformité dans
la stature, et les apparences de la santé ;
si vous entrez dans l'examen détaillé des
constitutions et des situations individuelles
vous serez étonnés des différences et
des anomalies sans nombre que vous
constaterez.

Cette comparaison suffit à expliquer
comment il se fait que, par suite d'influences occultes et d'accidents physiolo-
giques qui nous échappent, toutes les
plantes de même famille dans un même
champ ne peuvent pas naître, se développer et fructifier dans des conditions
uniformes.

La conséquence de cette inégalité
forcée est que les opérations de prise de
densité peuvent donner lieu à des surprises,
à des contradictions apparentes qui ne
seront cependant que l'expression de la
réalité ; et que, pour approcher de
l'exactitude, il est nécessaire de multiplier
les opérations en faisant porter chacune
d'elles sur un assez grand nombre de
betteraves à la fois, afin d'obtenir une
moyenne plus certaine. En remplissant
ces conditions, on doit arriver sinon à
l'exactitude absolue, à coup sûr à une
approximation suffisante. Mais, il n'est
pas rare d'ouïr des gens qui condamnent
ce système d'achat parce que, en opérant
sur quelques betteraves, ils ont trouvé
des différences notables ; c'est malheureusement ainsi que se forme trop souvent
ce qu'on appelle l'opinion publique.

Les raisonnements ci-dessus, appuyés
d'ailleurs sur une pratique déjà très
répandue, nous autorisent à poser cette
conclusion qu'il est possible, qu'il est
même facile d'établir la richesse en sucre
des betteraves, et qu'il est alors facile
d'en fixer le prix proportionnel.

Comme il est bien établi d'autre part
que les betteraves allemandes et autri-
chiennes rendent habituellement 10 0/0
de leur poids en sucre, pendant que les
nôtres ne rendent plus que 5 0/0, les frais
de fabrication pour un poids donné de

racines étant d'ailleurs les mêmes des deux côtés, il est évident que pour l'industriel français la lutte est devenue impossible, et que si nos cultivateurs veulent conserver cette production qui leur a été pendant longtemps si profitable, il faut qu'ils rompent absolument avec une routine condamnée.

Chacun ne raisonnant qu'au point de vue de son intérêt privé, et celui des autres, l'intérêt général, touchant peu de monde, ce n'est qu'à l'intérêt propre des exploitants actuels que nous nous adresserons, et nous avons la certitude d'être dans le vrai en leur disant :

Votre intérêt est de produire des betteraves riches, et de haut prix ; avec moins de poids à transporter vous aurez une recette égale en argent, sinon plus forte ; et ces racines riches en sucre enlèveront moins de principes minéraux à votre sol. Au lieu de repousser le fabricant quand il propose la vente à la densité, c'est vous qui devriez l'exiger.

Si vous persistez à faire des betteraves pauvres, vous amènerez la ruine de la sucrerie, et vous aurez préparé pour l'agriculture un état de choses tel que ce ne sera plus de 20 0/0 mais peut-être de 50 0/0 qu'il faudra réduire le taux des fermages ; c'est-à-dire que la valeur des biens-fonds et la fortune publique se réduiraient d'autant.

Ce danger n'est pas imaginaire ; il est trop réel et se traduit déjà par des conséquences sensibles pour nous. Nous le répétons : c'est là, bien plus que dans les faits d'un autre ordre économique dont on a tant parlé, qu'il faut voir la principale cause du malaise qui pèse sur la culture de notre région.

# 13e Causerie

---

## La nourriture au vert.

Nous sommes au mois de juin, et l'usage est à cette époque de mettre tout le bétail au vert.

Cette coutume est-elle aussi rationnelle qu'elle est générale ? C'est un point que nous voudrions examiner.

Le fourrage vert est ardemment désiré par tous les animaux, que le régime sec et trop uniforme de l'hiver a fatigués. Cette alimentation fraîche et appétissante renouvelle le sang, fait tomber le poil d'hiver, donne du lustre à la robe et de l'embonpoint au bétail. Il semble à voir les bons effets apparents qu'elle ne tarde pas à produire sur les animaux qu'elle doive être sans inconvénients. Certains praticiens ne lui trouvent en effet que de bons côtés, et ils considèrent la nourriture au vert comme une sorte de traitement analogue à celui des eaux minérales dans la médecine humaine, ou à la cure par certains aliments comme la cure de raisins.

Le régime vert est bien le régime par excellence des bêtes bovines, des moutons, de tout le bétail à qui l'on n'a pas à demander de la force et du travail. C'est en effet à l'état herbacé que les fourrages se digèrent le mieux ; s'assimilant le plus vite et se transformant le plus avantageusement en viande, en lait et en laine. Pour les animaux à qui l'on ne demande que ces produits, on ne peut donc trop insister sur ce régime, et la visée du cultivateur doit être de le prolonger autant que possible, et de prévoir même pour la mauvaise saison tous les succédanés possibles du vert, les choux, les racines fraîches, ou les conserves de fourrages ensilés à l'état vert, afin d'atténuer autant que possible la transition du régime d'été à celui d'hiver.

Mais, si le régime vert n'a que des avantages pour le bétail dont nous venons de parler, il n'en est pas absolument de même pour les animaux de trait. De nombreux vétérinaires sont d'accord pour dire qu'il ne faut pas abuser du vert pour les chevaux, que cette nourriture les relâche et les affaiblit beaucoup, et que si elle est indiquée à l'égard de ceux qui sont échauffés, ou atteints de maladies inflammatoires, son emploi trop large ou trop prolongé a pour conséquence de diminuer la tonicité et l'énergie de ceux qui sont en bonne santé, de les rendre lymphatiques, et de les prédisposer à des affections graves. Ces vétérinaires sont donc d'avis qu'il faut user du vert avec discrétion pour les animaux qui fatiguent, et ne le faire entrer que pour partie dans leur alimentation ordinaire.

Quant aux juments qui allaitent, il est superflu de dire que le fourrage vert peut composer la très grande partie de leur nourriture, bien qu'il soit reconnu utile de leur ménager chaque jour une part quelconque d'avoine et de ration sèche.

On constate depuis plusieurs années dans notre région une tendance à créer des prairies, principalement des prairies temporaires, et à les faire pâturer du milieu de mai jusqu'en juillet par des animaux attachés au piquet. Cette pratique est-elle judicieuse et économique ? C'est une question qu'il nous paraît utile d'examiner aux divers points de vue de la meilleure tenue et de la santé du bétail, de la meilleure utilisation des pâturages et de la plus grande production de l'engrais.

Etablissons d'abord que si l'on vise par là à imiter ce qui se fait dans les pays de pâtures proprement dits, l'imitation est trop incomplète, et que d'ailleurs les conditions générales ne sont pas du tout les mêmes.

Dans la plupart des pays de pâtures le bétail n'est point attaché, mais mis en

liberté dans des enclos fermés par des
haies, des fossés, des cours d'eau ou
autres barrières. Destiné à vivre en plein
air pendant la majeure partie de l'année,
il y est façonné de naissance et supporte
ce régime plus facilement que le bétail
de nos contrées habitué à vivre sous un
toit. En outre le climat des pâtures de la
Normandie, de l'ouest, du centre, est
moins âpre que celui de la région au
nord de Paris ; et dans les pâturages plus
septentrionaux de la Flandre et de la
Hollande les choses sont disposées de
manière que, par les temps fâcheux, le
bétail peut rapidement être mis à l'abri.
Mais une autre très grave différence
consiste en ceci que les pâturages permanents se composent d'une grande variété
d'herbes parmi lesquelles dominent les
graminées qui sont les plus nutritives de
toutes, tandis que nos pâtures temporaires
sont ce qu'on appelle des prairies artificielles, formées d'une seule variété de
plantes, luzerne, ou trèfle, ou sainfoin,
etc. Si avantageuse que puisse être la
plante dominante, l'alimentation avec un
seul élément est moins complète, moins
normale ; et sa qualité baisse encore
lorsque, la première pousse mangée, on
arrive aux regains ; enfin avec les
prairies de cette nature, le danger de la
météorisation est toujours à redouter.

Ces observations préalables faites,

nous constatons que, au point de vue de
la bonne tenue et de la santé des animaux,
le séjour sur la prairie n'a que de bons
résultats tant que la température est
propice. Malheureusement la première
période du pâturage (15 mai à fin juillet),
est, pour notre région, sujette à deux
extrêmes : la sécheresse ou la pluie. Si
c'est la sécheresse qui domine, l'herbe
ne pousse pas et il faut conduire beaucoup
d'eau pour abreuver le bétail ; si c'est la
pluie, l'herbe manque de qualité, les
animaux maigrissent et souffrent de
l'humidité et du froid qui l'accompagne
ordinairement. Il est donc permis de
douter que, étant données nos conditions
climatériques, le pâturage de la première
pousse des prairies artificielles soit une
chose bien avantageuse.

Au point de vue de la meilleure utilisation du fourrage, il nous semble qu'on
en tirerait un plus grand profit en le donnant
dans le râtelier à la ferme. La dépense de
fauchage et de transport du vert nous
paraît plus que compensée par la nécessité
de transporter de l'eau pour abreuver le
bétail, d'aller traire les vaches dans la
pâture, d'avoir un personnel pour déplacer
à mesure les piquets, et enfin, par la
perte d'une certaine partie de verdure
que l'animal piétine ou salit.

Nous arrivons maintenant à la question
de la production d'engrais, cette matière

précieuse qu'on a toujours en proportion
insuffisante et qu'il importe de bien
répartir sur l'étendue de l'exploitation.
Si l'on réfléchit que la prairie artificielle
fauchée donne, par son gazon et ses
racines, une réserve d'engrais qui suffit
habituellement à assurer le succès de
deux récoltes (une de blé et une d'avoine)
on se demande quelle utilité il peut y
avoir à ajouter à cette réserve les
déjections du bétail qui consomme l'herbe
sur place. Il devrait en résulter ceci :
que le parcage du bétail qui consomme
l'herbe, ajouté à l'engrais que fournissent
les racines et le gazon retournés, consti-
tuera un excès de matières fertilisantes
de nature à compromettre la récolte
succédant à la prairie temporaire. Si ce
résultat ne se produit pas, si l'engrais
n'est pas en surabondance dans le terrain
ainsi pâturé, il nous semble qu'il y a lieu
d'en conclure que les déjections du bétail
sont évaporées ou perdues en grande
partie, et nous avons tout lieu de croire
que cette conclusion n'est pas contestable.
Quand on voit en effet ce que deviennent
les déjections étendues au soleil et les
désagrégations et transformations que
leur font subir les myriades d'insectes
qui les travaillent, on acquiert la conviction que les engrais de parcage donnent
lieu, pendant la saison chaude, à une
déperdition énorme.

Ces divers points établis, il nous semble qu'il reste bien peu d'arguments en faveur du pâturage sur place des prairies artificielles dans notre région, et que la consommation du vert à l'étable assure mieux l'égale santé du bétail, la production régulière du lait et de la viande, ainsi que l'abondante production et la conservation des engrais.

Parmi les raisons qui ont pu contribuer à propager la coutume dont nous parlons, il en est une, peut-être la plus influente, dont il est bon de dire un mot : c'est le manque de litière qui fait qu'à cette époque de l'année beaucoup de cultivateurs éprouvent le besoin de mettre tout leur bétail sur la plaine. Il est fâcheux de manquer de litière au moment où les éléments de la fabrication du fumier sont plus abondants et plus riches ; et il est permis de supposer que ceux qui se trouvent dans ce cas ont abusé de la litière à un autre moment, et qu'ils ont dû faire en hiver des fumiers trop pailleux. A défaut de paille, il semble qu'il y aurait un avantage marqué à se procurer, pour le temps de la nourriture au vert, d'autres excipients tels que des gazons, des curures de fossés, de la terre desséchée, de la tourbe, en un mot toutes les matières absorbantes possibles, plutôt que de laisser évaporer au soleil le résidu des pâturages.

Les observations ci-dessus ne s'appliquent qu'au pâturage des prairies artificielles ou temporaires, et notre langage aurait trahi notre pensée si l'on y pouvait voir une critique quelconque contre le pâturage régulier des herbages permanents. Nous pensons, au contraire, que les circonstances économiques de notre temps, (où le bétail et la viande sont les seuls produits agricoles qui maintiennent leur prix), doivent pousser les agriculteurs à créer des prairies permanentes partout où la nature du terrain s'y prête, et à placer ces créations dans les conditions qui en rendent l'exploitation plus économique et plus fructueuse, c'est-à-dire à les diviser par enclos, fermés de haies, barrières ou fossés, à y établir des ombrages, des abris et des réservoirs d'eau. Il est bien certain que c'est sous cette appropriation que la terre donne, par le temps qui court, le revenu le plus élevé et le plus régulier.

La création des prairies permanentes est un sujet assez important pour en faire l'objet d'une étude à part. Aujourd'hui nous clorons cette causerie en rappelant que les inconvénients qui résultent de l'emploi d'une seule variété de graines pour former une prairie artificielle ont depuis longtemps frappé l'attention des Anglais, et que ceux-ci se sont ingéniés à chercher les combinaisons de plantes

qui peuvent, par leur association, assurer
un meilleur rendement en fourrage, et
permettre le retour plus fréquent de la
prairie. C'est une question d'une haute
portée et qui commence à préoccuper
aussi beaucoup d'esprits chez nous.

# 14e Causerie

## Les fanages.

Le mois de juin 1881 aura été propice aux fanages, et les foins naturels et artificiels ont pu être rentrés au fenil avec cette couleur verte et cette bonne odeur qui donnent tant de valeur aux fourrages. Le rendement de l'herbe a été un peu réduit par le froid et la sécheresse de mai qui ont entravé le développement de la végétation ; mais en revanche la qualité sera excellente, et, pour l'alimentation, qualité vaut toujours mieux que quantité.

La période climatérique dite de Saint-Médard cause chaque année des inquiétudes bien légitimes aux cultivateurs qui ont à sauver leurs foins ; et il arrive en effet trop souvent que des pluies intempestives viennent contrarier la dessication de l'herbe, et lui enlever ses principes les plus nutritifs. On s'est ingénié depuis longtemps pour trouver des moyens plus expéditifs et plus certains que le fanage

8

exécuté à la fourche et à bras d'homme ;
et nous allons examiner rapidement les
diverses manières de faire mises en usage
suivant les pays.

Dans les contrées où les bras ne manquent
pas, le fanage à la fourche, commencé
derrière le faucheur et continué inces-
samment, avec la précaution de relever
le foin tous les soirs pour le soustraire
à l'humidité nocturne, permet d'achever
la dessication en deux jours quand le
temps est propice. Ce procédé a bien ses
mérites, mais il exige du monde et de la
vigilance.

On est parvenu à suppléer en partie les
bras au moyen de faneuses et de râteaux
mus par chevaux, qui opèrent vite et
d'une façon économique. Toutefois les
faneuses mécaniques ont le grave défaut
de détacher les feuilles et les fleurs des
tiges, et de joncher le sol de menus débris
qui sont les parties les plus savoureuses
du fourrage.

Pour éviter la perte des fleurs et feuilles,
dans certaines régions, surtout en Flandre,
on dresse les foins et luzernes en villottes
coniques, et on parvient même, quoique
avec plus de peine, à y mettre aussi le
trèfle. Quand le fourrage comprend beaucoup de graminées dont les tiges sont
droites et fermes, il est facile d'établir
des villottes de manière qu'elles résistent
au vent et que la pluie ne les pénètre

pas. Le foin se fait ainsi lentement, à
l'abri de l'humidité, et il suffit de l'étendre
ensuite quelques heures au soleil pour
que sa dessication soit complète. L'opération de la mise en villottes n'est pas
coûteuse quand elle est exécutée par des
bras exercés. Elle se fait généralement
par des femmes opérant deux à deux, et
apportant chacune la moitié d'une villotte.
Quand les deux parties sont dressées l'une
contre l'autre, une femme maintient et
arrondit le cône pendant que l'autre
assujettit le sommet en l'entourant d'un
lien fait de quelques brins d'herbe. Ce
procédé conserve les feuilles à l'intérieur
de la villotte ; mais le tour de chaque
cône n'est pas préservé de la pluie, et
prend mauvaise couleur, en sorte que
cette méthode a aussi ses inconvénients.

Dans d'autres pays où les pluies sont
plus fréquentes, on dessèche les foins en
les dressant sur des chevalets formés de
trois perches réunies au sommet et garnies
de chevilles pour maintenir le foin. On
forme ainsi un cône dont l'intérieur est
vidé et offre un libre accès à la circulation
de l'air.

Les difficultés que présente le fanage
dans les pays septentrionaux a conduit à
l'emploi d'une autre méthode, dite de
Klapmeyer, qui consiste à mettre le
fourrage vert en meulons, dès le lendemain
de la fauchaison, à le bien tasser, et à

laisser s'y développer une fermentation
énergique. On surveille la marche de
cette fermentation, et lorsqu'elle est
arrivée à un point voulu, qui fait supposer
que la majeure partie de l'humidité est
évaporée, on ouvre les meulons, on étend
le fourrage, et quelques heures de soleil
ou de vent suffisent pour le mettre en
état d'être rentré. C'est ce que l'on appelle
faire du *foin brun*. On dit qu'on s'en
trouve bien dans certaines parties de
l'Allemagne du Nord ; mais nous aurions
encore plus de confiance dans les anciens
modes de fanage usités en Picardie.

Cependant nous ne devons pas passer
sous silence une pratique nouvelle qui
peut offrir des avantages réels dans les
années humides et peut-être en tout
temps. Cette pratique consiste à conserver
les fourrages verts au moyen de l'ensilage,
c'est-à-dire en les tassant à l'état vert et
humide dans des silos bien fermés.
Appliquée d'abord avec succès à la
conservation des maïs fourragers dans la
région du centre, cette méthode n'a pas
tardé à se répandre de divers côtés ; et
dans ces derniers temps l'attention du
monde agricole a été vivement attirée
par les résultats d'une expérience faite
sur une grande échelle à Frières-Faillouël,
près de Chauny. M. le comte de Chezelles,
voyant sa récolte de foins artificiels
compromise par des pluies continues qui

ont marqué le mois de juin 1880, prit le
parti de faire entasser dans un silo,
à mesure qu'on le fauchait, toute la
dépouille de trente-cinq hectares de
minette, de trèfle incarnat, trèfle violet
et luzerne. Le tas fortement tassé à
mesure et recouvert fut laissé en cet état
jusqu'à la fin de l'hiver ; et depuis ce
moment on en extrait un fourrage bien
conservé, de couleur vert jaunâtre, à
odeur alcoolique prononcée, et si appétissant que les animaux de toute espèce
le préfèrent à tout autre aliment. En
général il produit sur eux les bons effets
de la nourriture verte ; il augmente la
lactation, donne un lait plus riche en
crème et en beurre, et facilite l'engraissement. Les résultats obtenus à Frières-
Faillouël méritent d'être étudiés très
attentivement, et M. de Chezelles en est
si satisfait qu'il renouvelle cette année
l'opération sur une plus grande échelle.

On remarque dans le silo de Frières
que la conserve qui a la meilleure
apparence, qui plaît le plus au bétail et
que l'analyse constate être la plus riche,
est celle obtenue avec le fourrage mis
dans le silo à mesure qu'on le fauchait,
c'est-à-dire tout vert et même chargé
d'eau de pluie. Dans les parties où l'on a
entassé du foin ayant subi un commencement de dessication, le produit obtenu
est de couleur brune et moins appétissant.

Il paraît utile qu'une vive fermentation alcoolique se développe dans le silo, et c'est le fourrage le plus vert et le plus sain qui donnera lieu à la fermentation la plus régulière. La science a été appelée d'ailleurs à étudier ces résultats, et des analyses chimiques faites sur les diverses parties du silo seront prochainement livrées à la publicité.

A ce sujet, il n'est pas inutile de rappeler que des expériences analogues, portant principalement sur le maïs ensilé vert, avaient été faites depuis quatre ou cinq ans à la ferme de Burtin, en Sologne, par M. Goffart qui a été, dans cette région, l'un des propagateurs de la conservation des fourrages verts par l'ensilage. Selon M. Goffart, le succès de l'opération; (c'est-à-dire la bonne qualité de la conserve), est d'autant plus assuré que l'herbe est plus verte et sans trace d'altération. Quand le fourrage est sain, la fermentation alcoolique s'y établit dans des conditions normales, et se maintient telle tant qu'on ne laisse pas d'accès à l'air extérieur. Mais si l'on a introduit dans le silo du fourrage altéré, moisi, la fermentation change d'état et la masse s'acidifie. Les nombreux essais faits depuis longtemps par M. Goffart sont donc entièrement d'accord avec les observations plus récentes de M. de Chezelles.

A Burtin, on avait reconnu qu'il était
très utile de hacher le maïs avant de
l'ensiler, afin d'obtenir un mélange plus
intime et un tassement plus régulier.
Cette remarque a été aussi faite à Frières
et M. de Chezelles fait maintenant hacher
les trèfles et luzernes avant de les jeter
dans la fosse.

D'un côté comme de l'autre on constate
que le fourrage de conserve est consommé
en entier par le bétail qui fait souvent
un triage dans les foins fanés et qui en
gaspille toujours une partie. Il semble
que, par l'effet de la fermentation qui a
agi sur la masse, toutes les parties,
feuilles et tiges, soient rendues également
tendres et savoureuses, et que cette sorte
de cuisson ait désagrégé, transformé et
rendu assimilable la cellulose qui reste
en partie inattaquable dans les foins
fanés, et qui traverse comme un corps
inerte l'estomac des animaux. Il paraît
résulter des constatations faites qu'un
poids donné de fourrage vert, fermenté
en silo, produit notablement plus de
nourriture assimilable que sa proportion
correspondante en foin fané. La science
ne tardera pas à éclairer complétement
la pratique sur ce changement d'état des
matières alibiles, et sur les conséquences
qui en découlent.

On peut déjà dire qu'il y a là un
résultat considérable, obtenu de la façon

la plus simple, la moins dispendieuse, et dans des conditions réalisables partout, et par tout état de température. Il ne reste plus à attendre que la sanction du temps pour savoir si le bétail, qui recherche si avidement cette conserve, continuera de s'en trouver bien et de se maintenir toujours en bonne condition de santé, et si l'usage prolongé de la nourriture fermentée n'aura pas quelque conséquence imprévue.

En tout cas, il semble qu'on peut d'ores et déjà dire que les fourrages verts conservés par l'ensilage peuvent entrer pour une forte partie dans la ration du bétail, et que c'est faire à l'esprit de prudence toutes les concessions voulues que de conseiller d'ajouter à ce régime un repas intercalaire se composant de fourrage desséché par les procédés ordinaires.

# 15ᵉ Causerie

---

## Les cultures dérobées.

Le commencement du mois de juillet ouvre une période de transition et de repos relatif entre la première coupe des foins et la moisson des céréales. C'est le moment pour le cultivateur actif et prévoyant de chercher à accroître ou à compléter sa provision de fourrage en faisant des cultures dites dérobées ou intercalaires.

Les champs où l'on a récolté ou fait pâturer des minettes, des trèfles anglais ou autres, ou des mélanges donnés en vert, sont libres et peuvent recevoir un nouvel ensemencement. Sous le climat déjà septentrional de la Picardie, on ne peut plus semer en juillet de plantes destinées à mûrir dans l'année ; il faut se contenter de faire des fourrages à consommer ou à ensiler en vert.

Comme plantes fourragères, on peut ensemencer jusqu'au 15 juillet, et même au delà, les diverses variétés de maïs, les millet, sorgho, moha, alpiste, le

sarrasin, soit seul, soit associé aux plantes
ci-dessus ; et la spergule dont certaines contrées de la Belgique tirent un
excellent parti. Les vesces et pois gris
de printemps, additionnés d'avoine et de
féverolles , constituent également un
excellent mélange alimentaire et qui peut
encore donner une coupe abondante.

Le mois de juillet est aussi l'époque
de la plantation des choux à vaches,
dont il existe plusieurs variétés : chou
cavalier, chou caulet, chou branchu,
chou moëllier, qui sont l'une des plus
précieuses ressources que le cultivateur
ait à sa disposition, parce qu'ils constituent la seule provende verte qu'on puisse
procurer au bétail pendant la saison
d'hiver.

La variété dite chou branchu du Poitou
est celle qui produit le plus , mais,
comme le moëllier, elle ne résiste pas à
quelques degrés de gelée. Parmi les
choux rouges de Flandre, cavalier ou
caulet, il y a des variétés hautes sur
tiges dont les feuilles inférieures jaunissent
vers la fin de l'automne, et dont les
branches cassent sous le poids de la neige.
Il est préférable de prendre les variétés
moins élevées, qui supportent des froids
de 14 degrés, et dont les feuilles groupées
comme celles du chou pommé, forment
un faisceau que la neige ne brise pas.
Nous avons signalé dans une précé-

cédente causerie toute l'importance qu'il y a lieu d'attacher à la culture du chou à vaches au point de vue de la production du lait, et de la production de la viande, ainsi qu'au point de vue de l'élevage dont le succès est quelquefois compromis par un régime exclusivement composé de fourrages secs, ou dans lequel on admet une forte proportion de pulpes de sucrerie.

Nous ajouterons qu'il est indispensable de planter le chou dans une terre en très bon état afin que son développement soit rapide. On doit bien faire quelques sacrifices pour une récolte dérobée qui, placée dans les conditions voulues, peut donner un rendement de 40 à 50 mille kilos par hectare, soit à raison de 20 à 25 kilos par tête bovine, 2,000 rations journalières qui valent bien 0 fr. 30 c. l'une.

Jusqu'au 15 août on peut aussi semer comme fourrages, les colzas, navettes, et les moutardes blanche et noire. Ces diverses cultures dérobées peuvent, quand la température s'y prête, fournir un abondant fourrage à faire consommer en vert, ou à conserver en silo.

C'est en effet pour ces récoltes qui ne doivent pas mûrir que la méthode de conservation dont nous avons parlé dans une récente causerie, trouve son application la plus utile ; la saison ne permet-

tant plus d'en opérer le fanage, l'ensilage en vert devient une mesure de
nécessité.

En outre des mélanges variés dont
nous venons de faire mention, il est
encore une culture tardive, celle du
navet, qui mérite d'attirer l'attention,
bien qu'elle soit tout à fait négligée et
pour ainsi dire inconnue dans notre
contrée.

Le navet est une plante d'automne
qui ne réussit bien que dans les pays où
la pluie tombe fréquemment, par exemple
en Angleterre et en Belgique où cette
racine joue un rôle très important dans
l'alimentation des troupeaux.

Le navet ne résiste pas à la sécheresse dans les débuts de sa végétation ;
ce qui équivaut à dire que pour notre
contrée, sa réussite reste incertaine et
subordonnée à la température du mois de
septembre.

Il a encore d'autres côtés faibles,
comme de ne jamais supporter plus de
5° de froid, et de s'altérer vite si on le
met en silo.

Mais si l'on considère d'autre part
combien le navet coûte peu de culture
et de semence, et combien il donne quand
la saison lui est propice, on reconnaîtra
que son produit vaut bien la peine qu'on
courre le risque d'un insuccès.

Il y a en France nombre de cultiva-

teurs qui s'étonnent de l'importance que
les Anglais attachent à cette culture et
qui ne s'expliquent pas pourquoi le navet
est considéré en Angleterre comme le
pivot de la culture intensive, au même
titre que la betterave à sucre pour notre
région du Nord. Comment le bétail peut-il
s'alimenter utilement, profitablement,
avec un fruit aqueux, et comment cette
récolte d'une valeur apparente si médiocre
peut-elle rémunérer les frais auxquels elle
donne lieu ?

Il faut dire, en effet, que les fermiers
anglais font, pour assurer le succès de
leurs cultures de navets, des sacrifices
plus considérables que ceux que l'on fait
communément en France pour la culture
de la betterave à sucre. Aussi arrivent-
ils fréquemment à obtenir à l'hectare des
rendements supérieurs à nos plus belles
récoltes de racines. En outre, grâce au
climat des îles britanniques où la température est plus humide et plus douce que
celle du continent, les navets passent
l'hiver en terre, et les moutons les
consomment sur place pendant toute la
mauvaise saison. Enfin, il faut encore
ajouter que les Anglais attribuent aux
navets une faculté nutritive qu'on ne
leur reconnaît guère chez nous, où il est
d'usage de considérer le navet comme le
type de la nourriture débilitante.

Le préjugé qui règne à cet égard dans

notre pays est donc en contradiction avec l'opinion dominante en Angleterre, où l'on trouve que le navet est un aliment très sain, pouvant faire la base d'un régime nutritif excellent, à la condition, bien entendu, d'y ajouter sous forme de farineux et de tourteaux le complément indispensable d'une alimentation bien équilibrée.

Ceux qui ont apprécié, par l'expérience, les effets fâcheux que l'emploi prolongé de la pulpe de sucrerie produit inévitablement sur l'élevage et parfois même sur l'engraissement, comprendront les avantages qui peuvent résulter de l'introduction du navet dans une ration bien composée où son action tend à rafraîchir le sang des animaux et à maintenir leur organisation dans un état d'équilibre qui éloigne les risques d'inflammation et de congestion.

Le succès de l'élevage en Angleterre tient, selon toute apparence, à ce que, en toute saison, la nourriture verte, (herbe ou racines) entre pour une notable proportion dans le régime journalier, et on peut affirmer que l'oubli trop fréquent de cette précaution est l'une des causes principales des ennuis qu'éprouvent beaucoup d'éleveurs français.

Considérée sous ce rapport, la betterave ne vaut certainement pas le navet ; si elle est beaucoup plus riche en sucre, elle contient aussi en plus grande proportion des sels et des acides qui ont, sur l'économie animale, une action défavorable. Les vaches, comme les brebis, qui mangent beaucoup de betteraves, s'échauffent tout autant que celles à qui l'on donne beaucoup de pulpes de presses hydrauliques ; leurs produits meurent de diarrhée ou de maladies du foie dans les premiers temps de leur naissance ; et sous l'effet de cette nourriture les vaches ont en outre une propension à devenir stériles.

Ces fâcheuses conséquences ne sont à redouter ni avec les navets ni avec les choux, ainsi que le démontre une pratique séculaire en Angleterre et dans les Flandres.

C'est pourquoi, tout en reconnaissant que le climat de notre région contrarie souvent la venue des navets semés en récolte dérobée, comme cette culture n'exige que de faibles avances, il nous semble qu'un cultivateur avisé doit toujours se mettre en mesure de la tenter, et de se réserver la chance de cette ressource supplémentaire.

Les navets les plus avantageux pour le bétail sont les turneps ; ils exigent une terre très affinée à l'avance, et fortement rappuyée ensuite. Le superphosphate d'os est l'engrais qui paraît leur convenir le mieux et qui contribue le plus à leur bonne venue.

Semés en culture dérobée après le
15 août, avec l'engrais suffisant, ils
peuvent encore donner 25 à 30 mille kilos
à l'hectare, si l'automne est humide et
doux.

En Angleterre, où l'on cultive le navet
comme récolte principale, précédée d'une
demi-jachère, on le sème dès la fin de
juin avec des soins et dans des conditions
d'engrais qui expliquent les rendements
exceptionnels dont il a été parlé.

Un des avantages économiques de cette
culture est que les moutons consomment
les navets sur champ. Quant aux bêtes à
cornes, la meilleure manière de les
leur donner, est de les jeter tout entier
dans l'auge en les laissant munis de leurs
feuilles. Quand les feuilles en sont déta-
chées, les bêtes sont plus exposées à
s'étrangler en avalant gloutonnement les
plus petits.

Comme les navets perdent leurs qualités
en silo, on ne doit en opérer la récolte
qu'à mesure des besoins, en faisant
arracher la provision de plusieurs jours
chaque fois que le temps est favorable.
On les secoue l'un contre l'autre pour en
détacher la terre, et on les dispose à
mesure en petits tas coniques, les feuilles
tournées en dehors pour former abri ;
et ces petits tas bien serrés s'enlèvent
d'un seul coup de fourchet pour être jetés
dans la voiture.

En résumé, il est toujours possible au mois de juillet d'accroître notablement sa provision de vivres pour l'hiver, en faisant dans la série des cultures dérobées qui viennent d'être indiquées, le choix qui convient le mieux au sol que l'on exploite, et en usant de l'ensilage en vert pour conserver tous les fourrages mélangés autres que les racines.

# 16e Causerie

---

**Le travail de la moisson.**

Il y a suivant les pays des manières
bien différentes de faire la récolte des
céréales, et nos lecteurs savent tout ce
que nous pourrions vouloir leur exposer
sur les avantages respectifs de la faucille, de la faux, de la sape ou piquet,
ou des moissonneuses mues par chevaux.
La préférence que les cultivateurs de
chaque contrée donnent à l'un ou à l'autre
de ces outils est motivée par des raisons
locales ou particulières sur lesquelles
nous n'avons pas à nous arrêter.

Quand la moisson mûrit, la question
capitale est de l'abattre vite, et de la
mettre non moins vite à l'abri des
intempéries, et il n'y a pas de besogne
plus urgente puisque de sa réussite dépend
le profit du fermier, et la sécurité de
l'alimentation publique.

Pour opérer avec rapidité, il faut ou
beaucoup de bras, ou des machines puissantes. Les bras ne sont pas abondants
partout, et sont parfois fort exigeants au

moment de la moisson. Les machines ne sont pas à portée de toutes les bourses, et d'ailleurs ne peuvent pas toujours remplacer les bras. Aussi la moisson est généralement une opération difficile, précaire, et souvent contrariée par le mauvais temps.

Ce n'est pas tout d'avoir des machines puissantes pour abattre la récolte ; il faut la relever à mesure. Ces lieuses mécaniques si expéditives que l'on vient d'inventer, ne dispensent pas de certains soins préalables ; on ne peut lier la javelle que si elle est sèche et dépourvue d'herbes.

Le temps pendant lequel une moisson arrivée à maturité peut, sans préjudice, attendre la faux, est très limité. Quand la tige des céréales change de couleur, quand sa teinte verte se fond dans une nuance jaune transparente, le moment décisif est arrivé. Les plantes garderont à peine quelques jours cette vive couleur d'or vert ; elle fera rapidement place au blanc, puis au gris, puis à une teinte plus sombre qui indique que déjà la paille est altérée ; le grain lui-même aura perdu son éclat, et des pellicules grises terniront sa surface.

Ce n'est que pendant une période de cinq ou six jours au plus qu'un champ de céréales peut se maintenir et être récolté en condition parfaite. Passé ce délai, le

grain et surtout la paille se modifient
et subissent un amoindrissement notable
de leur qualité,

Malgré de nombreuses expériences qui
ont fait la lumière sur ce point, il est
encore trop de cultivateurs qui attendent
la complète dessication de la récolte
avant d'y mettre la faux. C'est une faute
que rien n'excuse. Le blé peut et doit
être coupé dès que la partie supérieure
de la tige est devenue jaunâtre, quand
bien même le restant de la tige aurait
encore des parties vertes. On ne doit pas
attendre que l'épi se courbe, mais le
prendre quand il est encore droit, et que
la paille reste molle et souple.

Si le blé coupé à l'état tendre est mis
à mesure en hutelottes ou en moyettes,
la montée du restant de sève se fait à
l'abri de l'air et du soleil ; le grain en
lait que la chaleur aurait pu saisir et
réduire, s'arrondit et acquiert un vernis
brillant qu'il ne perdra plus, et la paille
reste souple et appétissante pour le bétail.
A faucher à ce moment on a encore
l'avantage qu'aucun grain ne se détache
de l'épi pendant la manœuvre des javelles
ou des gerbes, tandis que, en coupant
plus tard, on peut subir par l'égrenage
des pertes considérables.

Lorsque l'on attend la maturité complète, l'épi se courbe en faucille, la paille
desséchée devient cassante, et on ne peut

plus manier les javelles sans que des épis
se brisent et que des grains se détachent.

Il y a donc avantage, sous beaucoup
de rapports, à couper les blés quand ils
tirent encore sur le vert, et à les relever
en moyettes ou en hutelottes pour qu'ils
achèvent de mûrir à l'ombre.

Il devrait être superflu de parler des
avantages de la moyette aux agriculteurs
de Picardie, attendu qu'elle doit avoir
été inventée dans leur pays, et y être
d'un usage fréquent, puisqu'on dit toujours
la moyette picarde. Elle diffère de la
hutelotte flamande en ce que celle-ci
forme un faisceau conique d'une quinzaine
de javelles reposant toutes sur le sol par
leur base, tandis que dans la moyette qui
contient beaucoup plus de javelles, le
premier rang est incliné sur le sol avec
les épis repliés, et les autres sont disposés
en étages circulaires superposés comme
dans les meulons. Le sommet de la
moyette comme celui de la hutelotte est
recouvert d'un chaperon formé avec des
javelles mises l'épi en bas, et retenues
par un lien.

Ainsi, les avantages de cette manière
de faire la récolte sont :

De permettre de couper les grains une
semaine plus tôt puisque la maturation
peut se compléter sans inconvénient ou,
pour mieux dire, avec profit, sous le
chaperon ;

D'allonger ainsi la période pendant laquelle la moisson peut se faire en bonne condition, période toujours trop courte ;

De faciliter la dessication de l'herbe qui peut se trouver dans les céréales ;

De conserver la bonne qualité du grain et de la paille ;

Et enfin de mettre la récolte à l'abri des vicissitudes atmosphériques.

Les blés liés et relevés, même en tas coniques parfaitement établis, sont parfois trempés par la pluie jusque dans les liens et ils ne sèchent qu'imparfaitement si l'on ne délie pas les gerbes. Avec la hutelotte, on ne lie qu'à mesure qu'on peut charrier, il suffit généralement d'une heure de vent ou de soleil pour que l'extérieur de la hutelotte soit séché.

L'emploi constant de cette méthode constitue donc une véritable assurance au profit de la bonne qualité du grain et de la paille, et contre les risques du mauvais temps.

Cependant, on rencontre encore trop d'exploitants qui croient faire de la simplification et de l'économie en coupant et liant à mesure. Non-seulement, en procédant ainsi, ils sont entraînés à faucher plus tard pour ne pas enfermer du vert dans les liens ; mais pour le peu qu'il reste de sève, ou qu'il y ait d'herbes parasites, ils ne peuvent éviter qu'une fermentation plus ou moins forte se

produise dans la grange ; et quelques
soins qu'ils apportent à bien dresser les
gerbes en tas coniques dans les champs,
elles n'en sont pas moins pénétrées par
les grandes pluies, et cette disposition
ne suffit pas à les sauvegarder en cas de
mauvais temps prolongés.

Nous ne trouvons pour cette manière
de faire d'autre qualification que celle-ci :
c'est du travail à la grosse aventure ;
c'est de l'économie mal comprise, ou,
plutôt, comprise à rebours.

La façon de mise en hutelottes ou en
moyettes n'entraîne qu'une dépense de
5 francs par hectare, 6 francs au plus
dans les contrées où les bras sont plus
rares. Cette avance est souvent regagnée
par l'égrenage que l'on évite en coupant
plus tôt, ou simplement par la supériorité
de qualité que cette méthode assure à la
paille ; et enfin, elle est plusieurs fois
couverte par la plus-value qu'elle donne
au grain. Il est connu de tous les
praticiens que les blés coupés tôt et mis
en moyettes valent près de un franc de
plus à l'hectolitre. Sur une récolte de
25 à 30 hectolitres à l'hectare, n'est-ce
pas plusieurs fois le remboursement de
la dépense occasionnée ? Enfin, il faut
aussi tenir compte de la tranquillité
d'esprit où ce système laisse le cultivateur
qui n'a point à se tourmenter à propos
de récoltes qu'il sait être en sûreté ; et à

qui cette mesure de précaution évite les
fausses manœuvres sans nombre auxquelles sont condamnés ceux qui ont
procédé autrement, quand ils sont forcés
soit de retourner des javelles, soit de
délier des gerbes, en un mot de se donner
toutes sortes de peines pour n'arriver
que péniblement et incomplétement à
sauver des récoltes avariées.

Nous n'hésiterons donc pas à poser
ceci en principe : il y a économie de
temps, d'argent, de fatigues et de soucis,
à relever n'importe quelle céréale en
moyettes ou en hutelottes à mesure que
la faux la détache du sol.

Quant aux moissonneuses à grand
travail qui attirent aujourd'hui l'attention,
on ne doit certainement pas déconseiller
ceux qui exploitent de grandes cultures
d'avoir à leur disposition ces appareils
qui expédient si rapidement la besogne ;
mais il convient de ne leur demander
qu'un coup de collier momentané, pour
abréger la durée des travaux, et pour
soulager les bras, non pour les remplacer.
Nous avons déjà dit que, même avec les
machines on ne peut pas se passer de la
main-d'œuvre ; et les cultures les mieux
conduites sont celles qui ont toujours à
leur disposition un personnel suffisant
pour parer à tous les besoins et pour
dominer toutes les circonstances fâcheuses.

Le temps de la moisson est pour

l'ouvrier des champs une sorte de période
bénie pendant laquelle, s'il prodigue ses
forces et ses sueurs, on ne lui marchande
pas non plus les salaires, les douceurs,
ni les paroles d'encouragement. Pendant
que les hommes fauchent ou lient, les
femmes et les enfants glanent les épis
tombés. La grange de Dieu est alors
ouverte pour tous, comme dit la voix
populaire ; et pendant cette trop courte
période, il s'établit, en vue de sauvegarder
la récolte sur laquelle repose la subsis-
tance publique, une communauté d'efforts
et de bonne volonté qui rapproche les
esprits et les cœurs. Dans la vie monotone
des campagnards la moisson amène donc,
non-seulement un surcroît de gain, mais
du changement, du mouvement, un entrain
qui en font une saison à part, dont on
aspire la venue et qu'on se rappelle
ensuite avec plaisir.

# 17e Causerie

---

**La récolte de 1881 et le malaise de
l'Agriculture.**

La récolte de 1881 rendra-t-elle aux
cultivateurs la confiance en l'avenir qu'ils
semblent avoir perdue depuis quelques
années? Fera-t-elle cesser le profond
découragement qui s'est emparé du monde
agricole? Est-elle de nature à panser
les plaies produites par une série de
campagnes fâcheuses?

Si étranger que l'on soit aux choses
de l'agriculture, on ne peut pas n'être
pas ému de ce concert de plaintes qui
s'élève de tous les points de la France et
qui peut se résumer ainsi : l'agriculture
est à bout ; le fermier ne paie plus ses
fermages ; on ne trouve plus facilement
preneurs pour les fermes à louer ; partout la terre baisse de valeur.

Il y a là un grave problème à étudier ;
avant d'en aborder l'examen nous allons
rechercher tout de suite l'influence que
les résultats de la présente campagne
peuvent avoir sur la situation générale
de l'agriculture.

On peut déjà dire que 1881 ne doit
pas être considéré comme une mauvaise
année ni comme une année favorisée.
Suivant les régions et les sols, il y aura
des différences très grandes dans les
résultats. Le printemps sec et froid a nui
au tallage et au développement des blés,
et à la pousse des fourrages. La gerbe
n'est pas abondante : les chaleurs brû-
lantes de juillet ont précipité la maturation
des céréales et le rendement s'en trouvera
réduit, comme celui des secondes coupes
de verdures. La betterave promet une
très belle récolte dans les cantons où la
levée s'est bien faite, ce qui malheureusement n'a pas eu lieu partout. C'est
donc encore une année inégale, meilleure
peut-être que les trois précédentes,
mais qui ne peut pas améliorer sensi-
blement l'état général de l'agriculture.

Le problème est donc toujours à
résoudre ; le malaise persiste ; d'où pro-
cède-t-il et comment y apporter remède ?

Il semble qu'un mal aussi grave, dont
les conséquences sont si visibles et si
prolongées, doive avoir des causes faciles
à saisir pour tout le monde, et au sujet
desquelles il ne puisse pas se produire
de divergences profondes. C'est cependant
ce qui arrive, et les esprits les plus
sérieux ne parviennent pas à s'entendre
sur les causes et les remèdes de ce mal.

L'immense majorité des cultivateurs

lui assigne une cause principale : l'importation excessive des produits agricoles
étrangers ; et elle voit comme principal
remède : l'établissement de tarifs douaniers qui refrènent cette importation.

Ceux qui soutiennent cette thèse semblent avoir les apparences de leur côté
puisque l'importation prend des proportions croissantes d'année en année. Cependant, il convient de rechercher si
cette importation a eu pour effet d'avilir
le prix des produits agricoles en France.

Nous étudierons ses effets sur le prix
des principaux produits de la culture, le
blé, le bétail, la viande, les plantes
industrielles, oléagineuses, textiles, betteraves à sucre.

Si nous interrogeons la statistique, en
comparant les cours du blé par périodes
décennales, voici les chiffres que nous
relevons à l'hectolitre :

| Périodes | Cours minimum | Cours maximum | Moyenne |
|---|---|---|---|
| 1820-29 | 14 50 | 23 00 | 17 15 |
| 1830-39 | 14 16 | 22 80 | 19 10 |
| 1840-49 | 15 37 | 29 10 | 20 56 |
| 1850-59 | 14 48 | 28 80 | 20 71 |
| 1860-69 | 16 41 | 25 69 | 21 29 |
| 1870-79 | 19 50 | 25 20 | 22 85 |

La conclusion est que depuis longtemps
la moyenne du prix du blé a toujours été
en s'élevant, et que depuis 1860, époque

où l'importation est devenue libre, la hausse a encore progressé davantage.

Si nous passons au bétail, tout le monde sait que depuis trente ans il a presque doublé de valeur.

On sait aussi que, dans le même laps de temps le prix de la viande de boucherie qui n'était guère que de 1 franc, s'est élevé à près de 2 francs le kilo.

Le prix des betteraves à sucre s'est quelque peu élevé, de 1/10 environ ; celui des plantes oléagineuses n'a guère varié. Il n'y a de dépréciation à constater que sur la laine et le lin dont le cours a baissé de 15 à 20 0/0. Comme tous les cultivateurs n'ont pas de troupeau, et qu'on ne cultive pas le lin partout, la baisse sur ces articles n'affecte que partiellement l'agriculture.

Si considérable donc que soit l'importation étrangère, elle n'a pas jusqu'ici amené l'avilissement du prix des principaux produits agricoles. Elle a certainement limité la hausse du blé dans des années de mauvaise récolte, comme en 1878. Mais, sans les apports de l'étranger, n'aurions-nous pas eu alors une crise alimentaire qui aurait imposé à toutes les classes des privations dont l'agriculture aurait ressenti le contre-coup ? L'importation étrangère a dû enrayer aussi la hausse des prix du bétail et de la viande qui tendaient à prendre des

proportions inquiétantes pour les consommateurs ; il n'y a là rien de regrettable.

Nous devons donc conclure en constatant que les cours de nos principaux
produits agricoles se sont jusqu'ici
maintenus dans la moyenne normale, et
que si l'importation croissante des produits similaires étrangers doit entraîner
quelque jour leur avilissement, ce fait
n'existe pas encore, et que ce ne peut
pas être la prévision des conséquences
problématiques que cette importation
pourrait avoir dans l'avenir qui fait le
mal de la situation présente.

Nous n'allons pas jusqu'à dire que cette
liberté absolue de l'importation ne
recèle pas un danger ; il nous semble
même qu'il y a tout lieu de le craindre.
Nous nous bornons à constater que, jusqu'à
ce jour, la cause du malaise actuel doit
être cherchée ailleurs.

Faut-il la voir dans la série de récoltes
médiocres, (1878, 1879, 1880), que
l'agriculture vient de traverser? Il est
évident que cette période de faibles
produits y est pour quelque chose ; mais
nous ne dirions pas toute notre pensée si
nous ne nous hâtions d'ajouter que la
véritable cause de la souffrance est autre,
et date de plus loin, et que ce concours
de fâcheuses campagnes n'a fait que
précipiter la crise, et révéler la maladie
qui minait depuis longtemps l'agriculture.

Le mal a sa raison d'être dans les conditions nouvelles qu'un concours de circonstances diverses a faite à l'agriculture depuis 40 ans; nous voulons dire dans l'accroissement de charges qui est résulté pour elle de l'élévation progressive des fermages, des salaires, des impôts, et de ses frais généraux de tout ordre.

Nous allons rechercher quel peut être l'accroissement effectif de ses charges, sous ces divers rapports, pour la région qui nous occupe. La valeur vénale et locative variant suivant la qualité des sols, et les autres frais suivant les circonstances locales et les systèmes de culture, nous ne pouvons raisonner que par à peu près, et en nous basant sur des moyennes.

Si nous recherchons quelle a été depuis 40 ans la progression du taux des fermages, nous constatons qu'ils ont doublé dans le cours de cette période. Nous les avons connus autrefois à 60 fr. l'hectare dans des localités où ils étaient en dernier lieu à 120 fr.

La progression des salaires n'a guère été moindre. En tenant compte des variations que peut déterminer le plus ou moins d'abondance de la population, ou de concurrence des industries locales, on constate que les salaires et les loyers des agents agricoles se sont accrus au moins de 75 0/0 pendant ce laps de temps.

L'augmentation du chiffre des contri-
butions est considérable depuis 40 ans ;
la part de l'Etat et celle du département
s'accroissent toujours ; mais c'est principalement celle des communes qui s'est
grossie avec les charges de la vicinalité
et par suite de l'amélioration de tous les
services communaux. L'ensemble est
presque double de ce qu'il était au début
de la période.

Quant aux frais généraux de culture,
(intérêt du capital d'exploitation, entretien
du matériel et du mobilier, assurances,
garde, frais de direction etc.,) si l'on
compare les mémoires de maréchaux,
charrons, bourreliers d'autrefois avec
ceux d'aujourd'hui, on trouvera que
l'ensemble n'est pas loin d'avoir doublé
aussi dans le courant de la période.

Ce ne sont donc pas les prix de vente
qui se sont avilis, mais le prix de revient
qui s'est élevé parce que les conditions
de la production ont changé ; et c'est
dans cet ordre d'idées qu'il faut chercher
la cause principale de la gêne de
l'agriculture.

Ne pouvant pas modifier les conditions
de la vente qui dépendent de l'offre et de
la demande, et qui sont dominées par les
cours du marché général, pourrait-on au
moins améliorer celles de la production,
en réduisant les causes de dépenses que

nous venons de passer en revue. C'est
ce que nous allons rechercher en reprenant
ces causes l'une après l'autre, mais
dans l'ordre inverse.

L'augmentation des frais généraux de
culture tient à l'importance plus grande
du matériel et du mobilier agricoles et
des avances que rend nécessaires un
mode de culture plus exigeant. Tout en
recommandant la plus stricte économie
dans les dépenses de bâtiment et d'outillage, nous reconnaissons que sous ce
titre de frais généraux sont compris des
éléments indispensables de production,
qu'il y aurait plutôt lieu d'augmenter que
de réduire, (et nous dirons bientôt
pourquoi.) Il n'y a pas d'économie sérieuse
à réaliser de ce côté.

Quant aux impôts, il y a des promesses
de réduction qui se réaliseront difficilement. A coup sûr la plus forte réduction
que l'on pourrait entrevoir n'équivaudrait
pas à 5 francs par hectare. Ce serait une
duperie pour l'agriculture que de pour-
suivre de ce côté la recherche d'un
soulagement.

Nous arrivons aux salaires : sur beaucoup
de points on se plaint du manque de bras.
Diminuer les salaires serait-ce le moyen
d'augmenter le nombre des ouvriers
agricoles? Cette diminution n'est pas
possible, dirons-nous sans hésiter ; elle
n'est pas même désirable, parce que ce

sont les salaires qui font aller la consommation de toutes choses ; et que, ce que
l'on regagnerait par ce moyen, on le
perdrait sur la vente.

Reste la question des prix de fermage ;
et comme sur ce point il y a beaucoup à
dire, nous renverrons à la prochaine
causerie.

# 18ᵉ Causerie

---

## Les prix de revient en culture.

Nous avons dit dans la précédente causerie qu'il fallait voir l'une des principales causes du malaise de l'agriculture dans l'accroissement de ses charges, dans l'élévation trop rapide des fermages, des salaires, des impôts et des frais généraux.

Après avoir établi sommairement qu'il n'y a pas de réduction sérieuse à espérer ni sur les frais généraux, ni sur les salaires, ni sur les impôts, nous avons réservé la question du taux des fermages.

Nous avons dit que, depuis quarante ans environ, le taux en avait à peu près doublé dans notre région, et il n'est pas inutile de rechercher les causes de cette progression.

Elle est due, cela nous paraît évident, au mouvement général de progrès en toutes choses qui s'est manifesté après le premier quart de ce siècle et qui s'est accentué à mesure par la diffusion de l'instruction et des connaissances tech-

niques, et surtout par la création des
voies de communication de tout ordre,
qui, en facilitant les échanges, ont développé tous les genres de production.

Sous l'influence du courant qui entraî-
nait alors les esprits, et que secondait
l'action gouvernementale, l'agriculture
sortit de ses anciens errements et se
lança dans des voies nouvelles. Les
circonstances vinrent en aide à cette
transformation. C'était le temps où les
sucreries et les distilleries se créaient de
tous côtés; et la culture des betteraves
donnait, par son produit direct et par
l'amélioration qu'elle apportait dans les
assolements et dans l'ensemble de la pratique agricole, des résultats qui enflam-
maient les imaginations. Ceux qui ont
connu cette période de prospérité s'expliquent comment les fermages se sont
élevés si rapidement sous l'influence d'une
sorte d'entraînement, chaque renouvel-
lement de bail donnant lieu à une hausse
nouvelle.

Une heureuse transformation s'opéra
alors dans l'agriculture de notre région.
En devenant industrielle, elle parut entrer
dans une voie de progrès indéfini. Mais
l'ardeur était telle qu'on ne s'apercevait
pas qu'on allait trop loin. La valeur
locative, et par suite la valeur vénale de
la terre prirent sur beaucoup de points
des proportions exagérées, qui devaient

fatalement conduire à des mécomptes lorsque viendraient des temps contraires.

En effet, quand les industries spéciales qui avaient favorisé le mouvement dont nous parlons, éprouvèrent un temps d'arrêt, l'agriculture en ressentit le contre-coup, et une fâcheuse série de mauvaises récoltes étant survenue, il lui devint impossible d'acquitter les charges qu'elle avait acceptées.

Il faut donc reconnaître que, dans ce qui s'est passé il y a 20 ou 30 ans, on a outrepassé le but et exagéré le loyer de la terre, et qu'il est nécessaire aujourd'hui de faire un pas en arrière.

Quelle sera la limite de cette rétrogradation ? Elle nous paraît indiquée par les réductions déjà consenties dans le déparment du Nord où les choses avaient été poussées le plus loin. Les baux récemment passés par les hospices, et beaucoup de baux particuliers accusent une réduction variable suivant les lieux, et qui peut s'évaluer de 20 à 30 0/0. Cette réduction est justifiée par les circonstances, et elle peut soulager le fermier en attendant que des temps meilleurs se produisent.

Nous arrivons donc à établir que si les charges de l'agriculture peuvent être diminuées, ce n'est que sous le rapport du fermage. Du côté des impôts, ce qu'on peut espérer serait insignifiant. Au point de vue de la main-d'œuvre il n'y a de réduction possible que par un changement de système, tel que de transformer en herbages des terres à céréales qui seraient aptes à porter de l'herbe. Quant aux frais généraux et au capital d'exploitation, nous l'avons déjà dit, et nous allons insister sur ce point essentiel, il y a plutôt lieu de les accroître que de chercher à les réduire.

En effet, si l'on ne se préoccupe que de la diminution des charges qui grèvent la production, on ne voit qu'une face de la question. Le moyen le plus efficace d'abaisser le prix de revient est de faire produire davantage à l'hectare ; et on n'y arrive qu'en augmentant la somme d'avances à faire aux cultures.

C'est par des labours plus énergiques, des façons plus soignées, des engrais plus abondants et mieux appropriés aux besoins des plantes, c'est enfin avec du bétail de meilleure race et mieux tenu que l'on peut atteindre ce résultat.

L'augmentation du rendement à l'hectare n'élève pas le chiffre du fermage, ni celui des impôts, ni même (ou que très faiblement) celui de la main-d'œuvre, ce supplément de produit n'est grevé que de sa part dans les avances plus grandes faites au sol.

Si l'on pouvait parvenir à élever à 25 ou 30 hectolitres un rendement moyen de

20, il en résulterait un énorme abaissement dans les prix de revient, et quelle diminution de fermage ou d'impôt faudrait-il pour faire l'équivalent d'un pareil résultat ?

Sans vouloir nous livrer à des calculs toujours sujets à erreur, même quand on opère avec une comptabilité bien tenue, nous poserons ce simple raisonnement :

Étant donné un rendement de 20 hectolitres à l'hectare, le blé peut revenir dans certaines situations à 20 francs l'hectolitre ; si le rendement s'élève à 30 hectolitres, il ne revient plus même à 14 francs. Ce rapprochement de chiffres ne suffit-il pas à établir que le nœud de la question est dans l'accroissement de la production, bien plus que dans les dégrèvements et dans les tarifs protecteurs.

Oui, c'est dans le progrès cultural, obtenu par plus de soins, par de plus grandes avances, par l'application raisonnée de toutes les données de la science, qu'il faut chercher les moyens de retrouver des bénéfices, et de lutter avantageusement contre la production extérieure. En agriculture comme en industrie, ce n'est qu'en réduisant les prix de revient que l'on écarte ses concurrents ; et d'autre part, il n'est pas à craindre de sitôt que le surcroît de notre production détermine l'avilissement des prix, car la consom-

mation du blé se développe si rapidement
en France que la récolte reste régulièrement insuffisante pour nos besoins.

Mais, dira-t-on, comment le fermier
pourrait-il augmenter les avances à faire
au sol, alors que ses revenus ont diminué
et qu'il est dans la gêne ?

C'est ici le point le plus difficile à
résoudre, et nous n'avons point la prétention d'avoir trouvé la recette qui ferait
disparaître la maladie. Mais la nécessité
enfante parfois des miracles, et une
solution inattendue se produit souvent
dans les situations extrêmes. On a vu des
industries, qui paraissaient condamnées
à raison de changements survenus dans
leurs conditions économiques, se relever
tout à coup par une transformation de
leur outillage, et retrouver dans cet effort
suprême une recrudescence de vitalité et
de prospérité.

Nous regrettons d'avoir à constater que
loin de recourir aux résolutions viriles,
les agriculteurs semblent se laisser envahir par le découragement. Considérant
leur situation comme désespérée, beaucoup d'entre eux ne font plus d'efforts
pour l'améliorer, et se résignent à attendre
que des saisons et des circonstances
propices viennent guérir le mal causé par
les intempéries ou par d'autres causes.

Ils oublient que le ciel ne seconde que
ceux qui s'aident eux-mêmes, et que la

terre reste ingrate pour celui qui ne lui
fait pas violence.

Dans cette lutte pour l'existence, le
découragement n'a pas d'excuses, et
c'est par de nouveaux efforts, par de
nouveaux progrès qu'il faut chercher à
rendre l'avenir meilleur. Si générales que
soient les plaintes provoquées par l'importation croissante des produits agricoles
étrangers, il reste établi que les cours du
blé ne se sont pas avilis, que ceux du
bétail, de la viande, restent très rémuné-
rateurs, ainsi que le prix des produits de
diverses cultures industrielles, betteraves,
pavots, etc. ; il n'y a donc pas encore
lieu de désespérer et nous avons la
confiance que le jour où les cultivateurs
voudront bien regarder leur situation en
face, l'apprécier telle qu'elle est et
prendre la résolution de faire le nécessaire, ils finiront par en trouver les
moyens.

Nous ne nous dissimulons pas qu'ils
auront toujours quelque peine à attirer
les capitaux vers leur industrie, et nous
sommes forcé de constater, avec regret,
que depuis 8 ou 10 ans, l'épargne a
montré une tendance plus prononcée que
jamais à s'éloigner des affaires agricoles.

Cet éloignement s'explique en tout
temps par la nature des spéculations
culturales dont les réalisations sont lentes
et incertaines ; mais il s'est accru et il

a été surtout motivé, dans ces dernières
années, par les avantages exceptionnels
que les capitaux libres ont trouvés dans
la spéculation sur les fonds publics. Les
emprunts énormes que le pays a dû
contracter à la suite des désastres de
1870 se sont faits à un taux si usuraire
que tout le capital disponible a été entraîné
de ce côté, et détourné des spéculations
agricoles et industrielles. Le rapport
entre le revenu des fonds publics et celui
des autres natures de valeurs s'est trouvé
violemment rompu, et il en est résulté un
trouble profond qui a pesé sur l'industrie
et sur l'agriculture.

Mais l'excès du mal finit toujours par
ramener l'équilibre. L'agiotage en pous-
sant les valeurs publiques à leurs limites
extrêmes a fortement réduit le taux du
revenu ; et il est permis d'espérer aujour-
d'hui que le reflux des capitaux vers
l'industrie et vers la terre ne tardera pas
à se faire sentir, et que l'agriculture
finira par bénéficier à son tour de la
baisse de l'intérêt de l'argent.

Quoiqu'il en soit, s'il a été un temps où
il suffisait que le fermier apportât son
travail pour obtenir de la terre une
rémunération suffisante, ce temps est
bien passé. Quand la jachère était le
principal moyen de nettoyage et de ferti-
lisation du sol, le capital d'exploitation
pouvait être extrêmement restreint, parce

qu'on demandait peu au sol. Des charges
plus considérables, des besoins plus
pressants soumettent aujourd'hui la culture à d'autres conditions, et ce n'est
qu'en donnant abondamment à la terre
que l'exploitant peut en retirer de quoi
suffire aux exigences de sa situation
nouvelle.

Il n'est donc plus possible de cultiver
fructueusement aujourd'hui sans un capital suffisant, et, hâtons-nous d'ajouter,
sans une somme de connaissances spéciales qui, non-seulement, n'étaient pas
reconnues indispensables autrefois, mais
qui n'existaient même pas alors, car ce
n'est que depuis 30 ou 40 ans, depuis les
progrès considérables réalisés dans le
domaine des sciences physiques et chimiques, que la science de l'agriculture est
en voie de se former ; et elle est loin
d'avoir dit son dernier mot.

Or, si nous jetons les yeux sur le personnel des cultivateurs grands ou petits,
combien en trouvons-nous qui possèdent
l'instruction professionelle nécessaire ?
combien, qui connaissent la composition
du sol et des plantes, combien, qui aient
des idées nettes sur la nature, la qualité
et l'action des engrais, combien, qui sa-
chent la valeur relative des fourrages,
et comment doit se composer la ration
alimentaire en vue des produits que l'on
veut obtenir du bétail, etc...?

Il est inutile de pousser plus loin cette interrogation. Tous les observateurs consciencieux sont d'accord pour dire que, dans un siècle qui s'intitule siècle des lumières, il est déplorable de voir la grande généralité des exploitants faire de la culture par pure routine, en aveugles, en se guidant le plus souvent sur l'exemple de gens incapables de faire une observation exacte, et de discerner les effets des causes.

Ce défaut d'instruction spéciale qui se remarque même chez des hommes qui ont reçu d'ailleurs une instruction étendue, exerce une influence très-fâcheuse sur la marche des entreprises agricoles, et il doit être considéré comme l'une des causes de l'infériorité de notre production. Il nous semble inutile d'insister davantage sur un fait trop patent et trop connu.

# 19e Causerie

---

En recherchant dans la précédente causerie les causes principales de la gêne de l'agriculture, nous avons trouvé qu'il fallait les voir — dans l'augmentation excessive de ses charges de toute nature qui renchérissent la production, — dans l'insuffisance du capital cultural qui ne permet pas d'obtenir des récoltes maxima, les seules qui soient rémunératrices, — et enfin dans l'insuffisance trop générale des connaissances techniques, qui empêche le fermier de se rendre bien compte de la portée de ses agissements.

Selon nous, l'état de souffrance de notre agriculture résulte principalement de l'action combinée de ces causes qui la maintiennent dans un état d'infériorité.

D'autre part, la série de récoltes médiocres que l'agriculture française vient de traverser a mis le comble à une situation depuis longtemps compromise ; la variation des saisons ramènera des circonstances plus heureuses, mais n'effacera pas de sitôt les conséquences d'une fâcheuse période.

A ceux qui prétendent que le mal est principalement causé par l'importation étrangère, il a été répondu en démontrant que, les cours des principaux produits ne s'étant pas avilis, le malaise ne peut venir de cette cause ; et que, si nos récoltes eussent été plus abondantes, et partant nos prix de revient plus abaissés, la concurrence extérieure ne nous eût pas été aussi sensible.

Mais, s'il n'est pas admissible que l'importation étrangère soit la grande cause du mal, il faut reconnaître cependant qu'elle a influé dans une certaine mesure sur les cours du blé et de la viande en les limitant, alors qu'ils auraient pu prendre un essor plus grand, quoique fâcheux pour la consommation

En nous épargnant une crise alimentaire en 1879 la facilité d'importation a rendu un grand service à tout le pays, même à l'agriculture qui porte aussi sa part des crises de cette nature. Tant que l'importation ne fera que combler le déficit de nos récoltes sans faire tomber les cours au-dessous de la moyenne habituelle, les changements sollicités à notre régime douanier à propos de l'entrée des céréales étrangères ne paraîtront pas justifiées.

Nous n'en dirons pas autant au sujet

de l'importation du bétail. Pour cet objet, la question est plus complexe et d'une plus grande portée. Si l'on ne l'envisageait qu'au point de vue des consommateurs, et même de l'industrie des engraisseurs qui trouvent que le bétail maigre est trop cher en France, il y aurait lieu de proclamer la libre importation.

Mais le bétail n'est pas seulement un objet de spéculation pour l'agriculture, il est la base même de sa fécondité, à ce point que si la reproduction du bétail était compromise, toute l'industrie agricole péricliterait.

Il y a donc un intérêt supérieur à ce que l'élevage ne soit pas entravé par la concurrence étrangère ; et il importe à l'avenir du pays que les tarifs douaniers soient combinés de manière à maintenir un juste équilibre entre les exigences légitimes de la consommation et les profits nécessaires pour encourager l'activité des éleveurs et des engraisseurs.

Aucune question économique n'a une importance supérieure à celle-là ; et avant d'indiquer le régime qu'il serait opportun d'appliquer à l'introduction du bétail étranger, il nous paraît utile d'examiner la situation présente de l'industrie du bétail en France, dans ses deux branches, l'élevage et l'engraissement.

Nous avons déjà signalé le vice capital

11

de l'agriculture routinière qui est d'entretenir, dans des conditions d'alimentation insuffisantes, du bétail de races défectueuses, c'est une opération antiéconomique, qui aboutit à faire consommer des fourrages en pure perte, à produire du fumier coûteux, en un mot à justifier ce dicton *que le bétail est un mal nécessaire.*

Dans les exploitations, et dans les régions où l'on a compris que le succès et le profit de l'élevage résident dans le choix d'une race supérieure, et dans sa bonne tenue et sa copieuse alimentation, (comme dans la Flandre, la Normandie, et encore plus dans la Nièvre, la Mayenne) l'élevage constitue une spéculation très lucrative, et à coup sûr la branche la plus prospère de l'agriculture française ; et il y a vraiment lieu de s'étonner que, dans nos régions à céréales où l'on se montre si découragé, on n'ait pas cherché à s'approprier et à développer cette industrie, tout au moins dans les conditions et dans la proportion que comporte la nature des terres.

L'industrie de l'engraissement est moins heureuse que celle de l'élevage par suite de la cherté du bétail maigre en France, cherté qui porte à en faire venir du dehors. Il semble que le haut prix de la viande devrait laisser une marge suffisante aux engraisseurs ; mais le bénéfice de

leurs opérations est souvent absorbé par
les agissements des intermédiaires, ou
compromis par les maladies contagieuses
qui sont une conséquence fréquente des
déplacements des bestiaux. Les transports
en wagons de chemins de fer ramènent les
germes d'infection d'une région à l'autre,
et certaines maladies autrefois rares
règnent aujourd'hui à l'état permanent.

Les économistes considèrent comme
un grand bienfait cette division du travail
qui a pour conséquence de faire engraisser
dans le Nord des bœufs élevés dans les
pâturages du centre ou de l'ouest ; mais
l'application en est moins avantageuse
en fait qu'elle le semble en principe. La
demande à grande distance entraîne
l'intervention onéreuse d'intermédiaires
souvent trop habiles, et fait naître le
danger de communication des influences
épizootiques. Ce n'est point dans ces
conditions qu'il convient de réaliser
l'application du principe de la division.
C'est dans la même province, dans des
cantons rapprochés qu'il serait désirable
de voir se juxtaposer l'élevage et l'engraissement, afin que celui qui doit
achever l'animal puisse l'acquérir directement de celui qui l'a élevé. C'est surtout
aux cultivateurs de la Picardie que cette
observation s'adresse. Il en est certainement beaucoup parmi eux qui se
trouvent placés de manière à ne pas

pouvoir cultiver avantageusement. les
plantes industrielles, et qui trouveraient
grand profit à faire l'élevage, s'ils savaient
se mettre en mesure de le pratiquer dans
les conditions voulues, et de manière à
offrir aux nourrisseurs à la pulpe des
sujets aussi faciles à engraisser que ceux
qu'on produit dans la Nièvre ou dans la
Mayenne.

La production de la viande pourrait
donc être l'objet d'un plus grand développement dans notre région et dans toute
la France. C'est dans cette voie qu'il faut
chercher le moyen le moins dispendieux,
le plus prompt et le plus efficace, le
seul vraiment efficace de relever notre
agriculture.

Et si cette donnée est vraie, si, comme
nous en avons la conviction, elle n'est
contestable à aucun titre, elle impose à
nos législateurs le devoir d'en tenir
compte dans l'établissement des tarifs
d'entrée concernant le bétail étranger.

Les longues discussions qui viennent
d'avoir lieu dans les deux Chambres au
sujet du tarif général des douanes ont
fait voir qu'à côté d'une majorité indif-
férente à tout ce qui n'est pas lutte
politique il y avait de nombreux députés
et sénateurs qui cherchaient conscien-
cieusement à sauvegarder cet intérêt
supérieur de la production du bétail.
Après de longues tergiversations, les

deux Chambres se sont entendues pour
adopter des tarifs qui sont une sorte
de compromis entre des manières de voir
opposées, et qui présentent naturellement
beaucoup d'incohérences en raison des
tiraillements qui ont influencé leur adop-
tion. Ces tarifs ne représentent, en somme,
qu'une protection moyenne de 2 à 3 0/0
de la valeur du bétail.

Cette proportion nous paraît absolument insuffisante pour l'époque actuelle.
Notre industrie agricole si éprouvée
traverse une période, qu'on pourrait
appeler de transformation, dans laquelle
elle a besoin d'être aidée. L'agriculture
américaine, au contraire, opérant sur
un sol vierge, qui ne coûte rien de loyer
ni d'achat, et dont la fécondité primitive
est encore entière, se trouve dans une
phase d'expansion qui lui permet de produire aux plus bas prix de revient. Il
serait imprudent, antipatriotique, de ne
pas se préoccuper de l'influence que l'importation de ses produits pourrait exercer sur les nôtres, et principalement sur
la production animale française.

Dans cette polémique si vive et déjà
ancienne du libre échange et de la protection, nous ne voyons d'autres principes engagés que: une question de justice
distributive à l'intérieur, une question
de réciprocité à l'extérieur. Pour ce qui
est de l'intérieur, si les intérêts de la

consommation sont sacrés, il y a aussi à tenir compte de l'avenir de la production nationale. Vis-à-vis de l'étranger, la règle de conduite qu'impose le patriotisme doit être de le traiter comme il nous traite, et de ne pas lui concéder de facilités qu'il ne nous accorderait pas.

Cette politique terre à terre, mais la seule sage, nous semble avoir été méconnue depuis longtemps et par ceux qui réclament le droit absolu de l'échange, et par ceux qui veulent un régime de protection à outrance.

La vérité est entre ces extrêmes ; nous admettons que l'aiguillon de la concurrence étrangère est parfois utile pour stimuler la production indigène ; mais il ne faut pas compromettre ni décourager celle-ci. C'est donc une question de mesure ; et il s'agit de trouver le point, toujours variable suivant les circonstances, auquel il convient de s'arrêter.

La nécessité de ce moyen terme entre les deux doctrines en lutte est admise depuis longtemps par les économistes qui font autorité. Deux des plus éminents, Frédéric Bastiat et Léonce de Lavergne, généralement considérés comme d'ardents apôtres de la liberté commerciale, avaient fini par arriver à cette même conclusion : L'un demandait un droit fiscal uniforme de 5 0/0 sur tous les produits agricoles et industriels importés en France ; l'autre, le même droit sur tous les produits agricoles seulement, à titre de participation due par le producteur étranger aux charges publiques qui grèvent le produit français. L'absence de cette compensation leur semblait à l'un et à l'autre de la protection à rebours, c'est-à-dire contre la production nationale.

Bien que dans les discussions qu'a provoquées la nouvelle loi des tarifs douaniers, on ait souvent rappelé les principes dont s'inspiraient ces maîtres de la science économique, on a oublié leurs conseils lorsqu'on en est arrivé à l'application. On a surtout méconnu le principe le plus sacré, celui de l'égalité relative à maintenir entre les diverses industries du pays.

La loi des tarifs qui vient d'être votée consacre, à peu près, le libre échange des produits agricoles à côté d'une protection industrielle très accusée. C'est une anomalie qui ne se justifie point ; c'est une iniquité contre laquelle l'agriculture devra protester sans relâche.

Au même titre, elle devra insister pour qu'une réciprocité exacte préside à nos relations internationales. Il y a tels pays, comme les Etats-Unis d'Amérique, qui nous inondent de leurs produits agricoles, et qui frappent nos produits industriels de droits exhorbitants à l'entrée chez eux. C'est une autre anomalie,

une autre injustice que la France ne doit
pas tolérer, et qui l'expose d'ailleurs, au
danger du drainage de son encaisse mé-
tallique.

Il nous paraît donc que, dans cette
question si grave, l'agriculture doit se
maintenir unie sur le terrain des principes posés par les autorités économiques
que nous avons rappelées plus haut; et
nous résumerons en quelques mots le
programme de ses revendications au point
de vue de la loi des tarifs :

1º Droit fiscal uniforme de 5 0/0 sur
tous les produits agricoles importés en
France;

2º A titre provisoire, droit plus élevé
(soit 8 à 10 0/0) sur l'importation du
bétail étranger ;

3º Egalité relative, vis-à-vis de la loi
de douanes, entre la production agricole
et la production industrielle.

# 20e Causerie

---

### De ce qu'il faut pour être un bon cultivateur.

Nous allons clore cette série de causeries par un résumé des connaissances, des aptitudes, des conditions diverses qu'il faut aujourd'hui réunir pour être un bon cultivateur.

Contrairement à l'opinion commune, nous n'hésiterons pas à dire qu'il n'y a pas de carrière plus difficile, ni en même temps de plus attachante et de plus libérale que celle de l'agriculteur ; il n'y en a pas qui offre un champ aussi étendu à l'activité physique, intellectuelle et morale de l'homme.

Elle paraît vulgaire à beaucoup ; et, en effet, elle a des côtés communs et même grossiers qui répugnent aux gens ayant reçu une éducation trop raffinée ou trop molle ; mais pour l'homme qui a l'esprit tourné vers les choses de la nature et qui aime à observer, pour celui qui cherche à exercer toutes ses facultés physiques et mentales, elle a des perspectives qui élèvent l'âme, et des spectacles variés et toujours nouveaux.

Elle paraît ingrate ; et en effet on ne doit la considérer que comme un gagne-petit. Ses résultats sont souvent si précaires, et soumis à des chances si diverses ! Et cependant, quand on veut bien examiner l'origine de la plupart des fortunes particulières, on reconnaît que les plus nombreuses et les plus stables sont encore celles qui ont eu l'agriculture pour point de départ, et cela tient sans doute à ce que cette profession développe l'esprit de prévoyance, de persévérance et d'économie.

Enfin, il en est qui la trouvent monotone et même abrutissante ; et pourtant, quelle variété et quels changements incessants dans la succession des faits, des travaux, des spéculations, des phénomènes qui la concernent ? Y a-t-il des journées, des saisons, des années, des récoltes qui ressemblent à celles qui les ont précédées ? C'est toujours l'inattendu qui saisit le cultivateur ! Et si l'on réfléchit aux progrès qui s'accomplissent et à ceux qu'on ne fait qu'entrevoir, quel champ d'études sans limites !

Le temps n'est pas éloigné où l'on pensait que le cultivateur ne devait être qu'une espèce de manœuvre, ayant surtout besoin de force corporelle et pouvant très bien se passer de science et de culture intellectuelle. Il était même admis comme vérité courante qu'une instruction trop développée crée un danger dans la profession agricole. Cette opinion était basée sur les insuccès éclatants et nombreux essuyés par des hommes pourvus d'une instruction supérieure, mais qui ne possédaient pas, qui avaient peut-être dédaigné d'acquérir les connaissances propres à l'industrie qu'ils voulaient pratiquer.

Quand l'économie agricole se résumait dans cette formule de l'assolement triennal : *blé, avoine, jachère,* il était possible aux ignorants de faire presque aussi bien que les capables. La coutume traçait la voie de chacun et liait les mains à tous. Les mêmes travaux se faisaient partout en même temps ; les terroirs même étaient divisés en soles ne comportant qu'une nature de récoltes ; de sorte que le travail commun et simultané ne laissait point place aux innovations ni aux témérités particulières.

La situation est bien changée! plus changée même que beaucoup ne se le figurent. Aujourd'hui, pour réussir dans cet art devenu très difficile, il faut posséder plus de connaissances diverses que pour toute autre carrière. En effet, pour exercer avec profit une industrie quelconque, il suffit de posséder certaines connaissances spéciales ; et en agriculture

le champ est si vaste qu'il faudrait
presque les posséder toutes.

Comment apprécier les propriétés des
sols que l'on veut exploiter, des végétaux
que l'on veut cultiver, si l'on ignore la
géologie, la minéralogie, la chimie, la
physique, la botanique, la physiologie
végétale ? Comment apprécier la composition et la valeur des engrais et des
fourrages si l'on ne sait faire ou si l'on
ne comprend l'analyse chimique ? Comment préparer et diriger des construc-
tions, des dessèchements, des irrigations,
des drainages, si l'on est étranger aux
notions du génie rural ? L'achat, la
conduite, l'entretien, la réparation de
l'outillage aujourd'hui si important et si
compliqué n'exigent-ils pas des connaissances étendues en mécanique générale ?
L'éducation du bétail peut-elle être bien
dirigée sans notions d'histoire naturelle,
de zootechnie, et surtout de médecine
vétérinaire ? Il faut bien que l'éleveur
connaisse les espèces domestiques, leurs
races et variétés, et les aptitudes de
chacune pour distinguer celles qui conviennent le mieux à son genre de culture,
et qu'il sache au besoin donner à son
bétail les premiers secours en attendant
le vétérinaire absent ou éloigné. Il faut
de même qu'il connaisse les propriétés,
les habitudes, les transformations des
plantes cultivées pour les approprier à

son terrain et à son climat, et qu'il ne soit même pas étranger aux diverses industries qui transforment ses produits végétaux en farine, en fécule, en sucre, en alcool, en huile, etc., afin de pouvoir apprécier les variétés qui donneront le plus grand produit industriel.

Il lui est indispensable aussi d'avoir des notions de droit usuel pour comprendre la portée des obligations qu'il contracte et n'être pas à la merci des gens d'affaires qui sont la plaie des campagnes.

Et ce n'est pas tout de posséder les connaissances générales que nous venons d'indiquer en partie, il faut encore savoir faire des observations et les bien interpréter, en un mot appliquer aux travaux de la culture l'esprit de recherche et la précision scientifique. Il n'est rien de plus dangereux que de se contenter de l'à peu près en fait d'observations, on est ainsi amené à tirer des conclusions hâtives d'un fait mal observé, et dont le résultat peut être dû à une cause incidente qu'on n'a pas remarquée. C'est ainsi que naissent et se propagent des préjugés et des pratiques contraires à l'intérêt général.

Non-seulement il est nécessaire que le cultivateur soit doué de l'esprit d'observation ; mais cet esprit d'observation doit s'étendre à tout ; et parmi les objets qui s'imposent le plus à son attention, nous

signalerons l'étude et la prévision des
phénomènes météorologiques qui ont une
influence énorme sur le succès de ses
travaux ; l'étude de sa position climatérique et des cultures qu'elle permet ; et
l'étude des faits économiques, des cours,
des marchés, des débouchés dont il lui
importe de suivre attentivement les
fluctuations.

L'agriculteur a donc besoin de posséder
des connaissances étendues et aussi de
savoir en faire l'application. Il ne servi-
rait à rien, en effet, d'avoir l'esprit
meublé de tous les moyens d'action que
procure la science, si le jugement et la
décision faisaient défaut au moment de
les mettre en œuvre.

L'administration d'une grande culture
exige des qualités morales et un esprit
bien équilibré qui ne se rencontrent pas
communément ; une volonté éclairée et
ferme qui ne faiblisse pas devant les
difficultés ; une prévoyance constamment
en éveil, embrassant tous les détails et
les intérêts de l'heure présente en même
temps que les éventualités prochaines ou
éloignées ; une connaissance complète
du cœur humain, utile pour la conduite
du personnel ; l'alliance fort rare de
l'énergie et du calme et l'habitude de se
commander à soi-même qui est le plus
puissant moyen de dominer ceux qu'on
veut diriger.

Il est superflu d'insister sur la respon-
sabilité morale qui incombe au patron.
Son exemple a une portée considérable
dont le sentiment doit toujours être présent à son esprit. Il y a des yeux constamment ouverts sur lui ; il est entouré
d'esprits portés à la prévention et à
l'aigreur, qu'un manque d'égards et le
seul soupçon d'un passe-droit ou d'une
injustice mettent hors d'eux-mêmes, et
qui cependant sont aussi faciles à mener
que des moutons quand l'esprit de droi-
ture du chef et le sentiment de son
équitable bienveillance ont captivé leur
confiance.

Le vrai moyen de se faire obéir est de
savoir faire accepter et aimer son autorité.
C'est tout un art que de savoir distribuer
à propos l'éloge ou le blâme. Un encouragement opportun produit toujours de l'effet
même sur les natures les plus ingrates,
tandis que les reproches trop répétés
deviennent inefficaces.

Si peu civilisé que soit parfois l'ouvrier
des champs, il n'en est pas moins sensible aux bons procédés, et il sent parfaitement si l'on est juste et correct à
son égard. Il en coûterait souvent fort
peu au patron pour le fixer et se
l'attacher : un secours donné à propos,
de l'aide pour l'achat d'une maison ou
d'un jardin, de bons conseils, des té-
moignages d'intérêt pour ses enfants,

c'est ainsi que se fondent et se consolident les liens sociaux.

Les passions sauvages qui font parfois explosion au sein des populations des grandes cités s'expliquent en partie par l'absence presque complète de rapports entre les patrons et les ouvriers des grandes usines. Dans les grands ateliers l'ouvrier n'est plus qu'une sorte de machine, un rouage vivant qui fonctionne, et qu'un mécanisme inanimé remplacera demain.

Il y a dans l'administration d'une culture grande ou moyenne une condition indispensable à réaliser pour le bon fonctionnement de l'ensemble, et en vue de laisser au chef toute la liberté d'esprit nécessaire pour combiner ses opérations, et l'entière liberté de ses mouvements afin qu'il puisse se présenter partout où il n'est pas attendu, et faire sentir sa surveillance sur tous les points : la condition que nous visons est de savoir grouper les services et créer des responsabilités parmi le personnel, en sorte que chacun ait le poste auquel il est propre, et qu'il y ait toujours un agent responsable à la tête de chaque brigade d'ouvriers.

On rencontre encore quelquefois des cultivateurs exploitant des domaines de cent et de deux cents hectares, qui sont les premiers ouvriers de leur ferme. Il n'y a point pour un patron d'économie plus mal entendue que celle qui consiste à prendre le rôle de manœuvre, ce qu'il ne peut faire sans négliger sa plus importante fonction, la surveillance.

Mais il est inutile de pousser plus loin cette étude des conditions multiples dont la réunion est nécessaire pour élever le chef d'exploitation à la hauteur du rôle qu'il doit remplir, tant pour son profit particulier que pour l'avantage de son personnel. Ce que nous en avons dit nous paraît suffire pour établir que la carrière agricole n'est point si simple ni si facile que beaucoup se l'imaginent ; et nous n'hésitons pas à ajouter que ce qui manque le plus aujourd'hui dans cette profession, c'est l'instruction scientifique spéciale et les capitaux.

Il y a, nous le reconnaissons, beaucoup d'hommes instruits dans les campagnes ; et il n'est pas rare d'y rencontrer des esprits très cultivés ; mais presque tous ont reçu cette instruction classique qui a bien pour effet d'élever les idées et de former le goût, mais qui trop souvent aussi porte à dédaigner les connaissances spéciales et les choses de pratique. Ce ne sont pourtant pas des sciences sans portée que celles dont nous venons de faire l'énumération. D'ailleurs, est-il une branche des connaissances humaines qui ne soit digne d'intérêt ? Toutes concourent

12

à aider l'esprit humain dans la recherche des lois de ce monde. Celles mêmes qui semblent n'avoir pour objectif que la matière remplissent dans les vues de la Providence une fonction nécessaire ; et peut-il y avoir d'objectif plus grand et plus élevé que de chercher à multiplier les produits du sol, et à répandre de plus en plus sur la terre les bienfaits de l'abondance ?

Nous résumerons notre pensée en ces quelques mots : ce n'est que par la science et le capital que l'agriculture de notre vieux monde pourra surmonter les difficultés présentes, et résister à la concurrence des pays neufs, comme l'Amérique. La culture routinière est condamnée ; il n'y a plus d'avenir que pour celle qui, pourvue des connaissances spéciales indispensables, du capital d'exploitation suffisant, et s'éclairant par la comptabilité, saura appliquer intelligemment les règles qui résultent des observations combinées de la science et de la pratique.

FIN

# TABLE

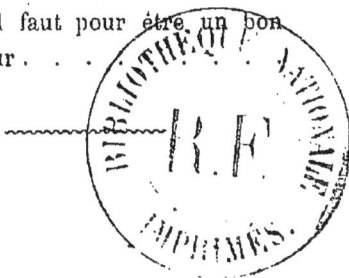

PÉRONNE. — IMP. DU JOURNAL L'*INDÉPENDANT*.

www.ingramcontent.com/pod-product-compliance
Lightning Source LLC
Chambersburg PA
CBHW060548210326
41519CB00014B/3399